W0388947

Uwe Greve

Da aber sprach die Bauersfrau: Der Himmel wird schon wieder blau

Anekdoten aus der Welt der Landwirtschaft

Husum

Umschlagbild: Daniel Dienst
Textzeichnungen: Jürgen Scheunemann

Die Deutsche Bibliothek – CIP-Einheitsaufnahme

Greve, Uwe:
Da aber sprach die Bauersfrau: Der Himmel wird schon wieder blau : Anekdoten aus der Welt der Landwirtschaft / Uwe Greve. – 3. Aufl. – Husum : Husum, 1999
(Husum-Taschenbuch)
ISBN 3-88042-441-1

Die Anekdote „Der Bauer und der Edelmann" wurde mit freundlicher Genehmigung der Nachfahren dem Buch „Lachende Gesellen" von Otto Gantzer, Leipzig 1914, entnommen

3. Auflage 1999
© 1989 by Husum Druck- und Verlagsgesellschaft mbH u. Co. KG, Husum
Satz: Fotosatz Husum GmbH
Druck und Verarbeitung: Husum Druck- und Verlagsgesellschaft
Postfach 1480, D-25804 Husum – www.verlagsgruppe.de

ISBN 3-88042-441-1

Anstatt eines Vorworts

Die Bauern haben fast immer in der Geschichte die größten Lasten für Staat und Gesellschaft getragen. Ihre Unermüdlichkeit, ihre Beharrlichkeit und Stetigkeit, ihr Fleiß, aber auch ihr Einfallsreichtum in Notzeiten waren tragende Säulen in der Entwicklung nicht nur unseres Volkes. Die Achtung des Standes im Lande hat viele Generationen lang jedoch nicht seiner Bedeutung entsprochen. „Kaiser, König, Edelmann, Bürger, Bauer, Bettelmann" – der alte Abzählreim spielender Kinder hat bis weit in unser Jahrhundert hinein viel Wahres über das Bild des Bauern in der Öffentlichkeit widergespiegelt. Lange Zeiten gab es, in denen im Begriff Bauer ein Hauch von Geringschätzigkeit mitschwang. Der Bauer wurde in Witzen und Anekdoten oft als ungelenk, tumb, ja dumm dargestellt.

Eine Anekdote dieser, von überheblichen Städtern geprägten, Einstellung sah zum Beispiel so aus:

Eine Bauersfrau will sich Bilder machen lassen und geht zum Fotografen. Dieser läßt sie auf einem Stuhl sitzen und bringt sie in die rechte Stellung. Da sagt sie: „So kahl soll das Bild aber nicht werden. Ich muß doch irgend etwas in die Hand nehmen, damit das aussieht, als wenn ich was tue!" – „Aber was denn? Wollen Sie einen kleinen Korb auf den Schoß nehmen?" – „Ne, das sieht so alltäglich aus. Was Besonderes muß es sein!" – „Wollen Sie ein Buch?" – „Sie sind wohl nicht klug. Ich kann ja gar nicht lesen!" – „Hier ist eine Gitarre. Wie wäre es damit? Wollen Sie die in den Arm nehmen?" – „Ja, das wäre etwas. Muß ich auch spielen?" – „Meinetwegen." – „Kommt die Musik auch mit aufs Bild?"

Um wieviel anders war und ist jedoch die Wirklichkeit! Über Jahrhunderte gewachsene Lebenserfahrungen des Bauernstandes sind bis in unsere Zeit in vielen Sprichwörtern lebendig, deren Zahl noch immer in die Tausende geht. Fast jeder kennt den Begriff der „Bauernschläue", mit dem sich Eigenschaften wie pfiffig, witzig, listig, findig, verschmitzt oder weltklug verbinden. Manchmal mag dabei auch ein wenig Gerissenheit und Geschäftstüchtigkeit mitschwingen. Die Anekdoten dieses Büchleins wurden aus solchen Beobachtungen und aus diesem Geist niedergeschrieben – zur Freude aller Humorfreunde und zum Lobe des Bauernstandes!

Uwe Greve

Der sprechende Vogel

Zu Kaiser Augustus (63 v. Chr. – 14 n. Chr.) soll einst ein alter Bauer gekommen sein, um ihm einen Raben zu überreichen, dem er einige Worte beigebracht hatte. Doch Augustus besaß bereits viele sprechende Vögel, weshalb er die Gabe dankend ablehnte. Enttäuscht und traurig nahm der Bauer den Holzkäfig wieder unter den Arm und wollte fortgehen. Da rief der Vogel, was er so oft gehört hatte: „Müh und Arbeit, alles umsonst.“ Da mußte Augustus doch lachen. Er nahm den Vogel und beschenkte den Bauern mit so viel Geld, daß er ein Jahr ohne Not leben konnte.

Wer ist der König?

Von mehreren Kaisern und Königen wird die gleiche hübsche Legende erzählt, z. B. von Barbarossa, von Maximilian I., von Heinrich IV. von Frankreich:

Der hohe Herrscher war auf der Jagd und hatte beim Ritt einem Hirsche nach sein Gefolge aus den Augen verloren. Auf einem Baumstumpf am Rande eines Wäldchens saß ein Bauer. „Auf wen wartest du?“ fragte der König. „Ich wollte den König sehen, der hier im Wald auf der Jagd sein soll“, antwortete der Bauer, der den Herrscher so ganz ohne Zeichen und Würden in der Jagdkleidung nicht erkannt hatte. „Sitz hinter mir auf“, entschied der gutgelaunte Monarch, „ich will dich zu ihm hinbringen. Wir werden bald auf einer Lichtung sein. Dort erkennst du den König daran, daß er als einziger seinen Hut aufbehält, während die anderen, ihre Kopfbedeckung in der Hand, entblößten Hauptes stehen.“

Schnell waren sie auf der Lichtung angelangt. Das gesamte Jagdgefolge nahm den Hut vor dem König ab! „Weißt du jetzt, wer der König ist?" fragte lachend der Monarch den Bauern. Der wußte natürlich jetzt Bescheid und antwortete arglos: „Ihr könnt es sein oder auch ich, denn wir beide sind die einzigen, die ihren Hut noch auf dem Kopf tragen!"

Bauer und Edelmann

Ein Bauer kam vom Markt und hatte eins über den Durst getrunken. Zu Hause erzählte er seiner Frau, er habe unterwegs auch den Gutsherrn angetroffen.

„Was wollte er von dir?"

„Er fragte, ob ich vom Markt komme. Und dann, ob der Markt groß gewesen sei. Da sagte ich, ich hätte ihn nicht gemessen. Ich meine, sagte er, wieviel Käufer und Verkäufer auf dem Markt waren. Ich hab' sie nicht gezählt, versetzte ich. Wohin geht denn nun der Weg? fragte er, und ich sagte: der Weg geht nicht, er liegt."

„O weh", rief die Frau, „das wird uns eingetränkt werden. Hat der Herr weiter nichts gesagt?"

„Ja, er fragte noch, was ich auf dem Markt getan habe, und ich sagte: eins über den Durst getrunken."

„Das ist noch schlimmer", jammerte die Frau. „Denkst du gar nicht an dein Weib und deine Kinder. Dein böses Maul bringt uns noch an den Bettelstab. Ich will zufrieden sein, wenn morgen nichts darauf kommt."

Der Bauer ließ sich kein graues Haar wachsen, ging zu Bett und schlief den Rausch aus. Die Frau aber konnte vor Angst keine Ruhe finden.

Am anderen Morgen in aller Frühe klopfte schon der Büttel an die Tür und beschied den Bauer aufs Schloß.

Der Bauer blieb in guter Ruhe liegen und stand erst um

elf Uhr auf, damit er die angesagte Stunde nicht versäumte. Die Bäuerin hatte bedacht, wie sie wohl den Zorn des Herrn beschwichtigen könnte. Sie hatte ein Häslein aufgezogen, steckte es jetzt dem Mann unter den Kittel und sagte:

„Bring' es dem gnädigen Herrn zum Geschenk. Vielleicht läßt er Gnade vor Recht ergehen." Der Bauer brummte, ließ es sich aber gefallen und ging nach dem Schlosse.

Der Herr hatte schon auf ihn gewartet. Er lag im Fenster und sah den Bauern kommen.

„He! Bist du endlich da?" rief er ihm zu.

„Zu dienen, Euer Gnaden", sagte der Bauer.

Als er aber in den Schloßhof kam, hetzten die Diener die Hunde auf ihn. Da, als sie ihn fassen wollten, ließ er wie vor Schreck das Häslein fallen; sogleich jagten die Hunde dem Hasen nach und krümmten dem Bauern kein Haar. – „Der Kerl kann mehr als Brot essen", dachte der Edelmann.

Der Bauer trat in die Stube, wo der Tisch gedeckt stand, und der Herr schenkte eben ein Glas Wein ein. „Bauer, kennst du auch Wein?" fragte er, und der Bauer sagte: „Nein, Herr."

„Nun, dann mußt du ihn kennenlernen."

Er rief zwei Diener herbei, ging mit ihnen zur Seite, wo er ihnen etwas ins Ohr flüsterte, und schickte sie mit dem Bauern in den Keller. Da lagen die Weinfässer nebeneinander in einer langen Reihe. Die Diener drehten am ersten Faß den Hahn auf, füllten ein Glas und ließen den Bauern kosten; es war der geringste Wein. Dann gaben sie ihm ein Glas aus dem nächsten Faß, und der Bauer sprach dem Wein kräftig zu. Doch als sie zum letzten Fasse kamen, entging es ihm nicht, daß hinter ihm in der Ecke zwei Peitschen standen, die er wohl auch kosten sollte. Darum zog er schnell mit aller Kraft den Kran aus dem Faß, daß der Wein in den Keller schoß. Die bestürzten Diener sprangen hinzu und hielten die Daumen gegen das Kranloch, konnten aber doch dem Verlust nicht völlig wehren. Der Bauer sah sich inzwischen im Vorkeller um, schob einen Schinken und eine Speckseite unter den Kittel, ging die Treppe hinauf und schlich schwer gekrümmt über den Schloßhof.

„Nun hast du es doch einmal gekriegt“, rief ihm der Herr aus dem Fenster zu.

„Ja, Herr“, sagte der Bauer, „ich habe es schwer genug gekriegt. Wenn ich und meine Frau das Brot dazu hätten, könnten wir ein halbes Jahr davon leben.“

Also schritt er zum Schloßtor hinaus.

Schriftauslegung

Ein Dörfchen im Brandenburgischen.

Bauer Pechmann stand bei der Hundehütte auf seinem Hof und band „Pluto“, seinen großen Schäferhund, fest. Da kam der Dorflehrer Frantzius mit dem Fahrrad vorbei.

„Halt an!“ rief der Bauer, der schon oft Händel mit dem Lehrer gehabt hatte, weil er den Schülern seiner Überzeugung nach „unnützes Zeug“ lehrte. „Stimmt es, daß Sie den Kindern einen neuen Bibelspruch beigebracht haben?“ – „Ja, jede Woche einen neuen.“ – „Stimmt es, daß Sie den Kindern den Spruch beigebracht haben: ‚So dir jemand einen Streich auf die rechte Backe gibt, dann halte auch die linke hin‘?“ – „Ja, das ist wahr!“ – „Muß jeder so handeln?“ – „Jeder, der sich an Gottes Wort hält!“ – Da holte der Bauer aus und gab Frantzius zwei saftige Backpfeifen links und rechts. Doch der war geistesgegenwärtig und – klatsch, klatsch – bekam dieser die beiden Ohrfeigen zurück. – „Mit dem Maß, das ihr messet, soll euch gemessen werden!“ rief er zornig, „das steht auch in der Bibel!“ Der Bauer nicht faul, gab dem Lehrer einen kräftigen Schubs und nun balgten sich beide nach Kräften auf dem Boden.

Da kam draußen eine Kutsche vorbei, worin kein anderer saß als der König selbst. Friedrich II. sah die Schlägerei, ließ anhalten und seinen Kutscher fragen, was hier los sei. Der Bauer schwieg betreten, und der Lehrer murmelte leise etwas von „Bibel-Auslegung". Der Kutscher ging zum König zurück: „Die legen die Heilige Schrift aus!" „Dann ist ja alles in Ordnung", meinte der König verdrießlich und ließ weiterfahren.

Die Bittschrift

Zur Zeit des Soldatenkönigs und des Großen Friedrich war es in Preußen üblich, daß, wenn Untertanen ihren Souverän in Berlin Unter den Linden trafen, Bittschriften abgegeben oder Bitten vorgetragen werden konnten. An einem Sommerabend kam ein Bauer mit seiner Frau auf Friedrich II. zu und übergab ihm einen Bittbrief. Der König las das Schreiben durch und befragte die beiden eingehend zu dem vorgetragenen Sachverhalt. Dann sagte er bestimmt: „Damit müßt ihr zum Kammergericht gehen, da werdet ihr Bescheid erhalten." – „Dort haben wir die Angelegenheit schon vorgetragen und sind abgewiesen worden", antwortete der Bauer. „Da kann ich euch auch nicht helfen", zuckte der König die Achseln. „Komm, Alte", rief darauf der Landmann seiner Frau zu, „ich habe es geahnt, der König steckt mit der Kammer unter einer Dekke." Daraufhin soll Friedrich II. laut gelacht und die Bittschrift angenommen haben.

Podagra

Podagra nannten die Menschen im Mittelalter die Gicht in den Füßen. Schon damals waren es in erster Linie Fehlernährung und Bewegungsarmut, Freßsucht und Völlerei, die die Krankheit entstehen ließen.

Einst ging ein gichtgeplagter Landadliger in einer holsteinischen Kleinstadt an Krücken zum Bader, um sich zwei Zähne ziehen zu lassen. Unterwegs begegnete ihm ein Bauer aus seiner Nachbarschaft. Ob er denn wüßte, ob es ein gutes Mittel gegen Podagra gäbe, fragte der so Geplagte. „Ich weiß eines", antwortete der Bauer, „man muß mit einem Gulden am Tag auskommen und den Gulden sich zuvor selbst verdienen."

Auflagen letzter Hand

„Der gute Kamerad", „Der Wirtin Töchterlein", „Schäfers Sonntagslied" oder „Die Kapelle" gehören zu den schönsten Gedichten und Liedern des Schwaben Ludwig Uhland. Als Dichter und Literaturhistoriker ist der 1787 in Tübingen geborene Advokat bekannter als in seiner politischen Funktion als Parlamentarier der Deutschen Nationalversammlung in der Frankfurter Paulskirche 1848/49. Dort vertrat er eine liberale, großdeutsche Auffassung.

Da die Versammlung ziemlich behäbig tagte, saßen die Abgeordneten abends oft in ihren Stammkneipen beim „Äppelwoi" zusammen mit den Bauern, die ihre frischen Waren hier auf dem Markt verkauft hatten. Eines Tages unterhielt sich einer mit Uhland, der offensichtlich nicht unbelesen war. „Sie sind also der Uhland aus Tübingen?" – „Ja, das bin ich in der Tat." – „Über Sie wird viel gesprochen!" – „Das mag sein." – „Ist Schreiben und Versemachen eigentlich schwer?“ – „Wie man's nimmt!“ – „Welches ist eigentlich das schönste Lied in Ihrem Band ‚Gedichte‘?“ – „Das sollten Sie am besten selbst entscheiden, wenn Sie es lesen.“ – „Sie sind ja aber noch nicht tot!“ – „Ja, ist das denn für Sie wichtig?“ fragte Uhland erstaunt. – „Wissen Sie, ich kaufe immer erst die Bücher, wenn die Dichter und Schriftsteller verstorben sind!“ – „Und warum?“ – „Es kommen immer neue, verbesserte Auflagen. Wenn der Dichter aber tot ist, kann nichts mehr verbessert werden!“

Nachbemerkung: Hätte der Bauer unsere modernen Theater-Intendanten gekannt, wäre er mit dem letzten Satz vorsichtiger gewesen.

Das Gewitter

Professoren und Bauern kommen heute öfter zusammen, wenn es um moderne Anbaumethoden geht. Aber was die Hochschullehrer der Meteorologie betrifft und die computergesteuerten Wettervorhersageeinrichtungen, da waren und sind die Landleute bis heute sehr skeptisch! Als einer der ersten soll es der 1827 in Hofgeismar geborene Professor Wilhelm Klinkerfues, der in Göttingen lehrte, gewesen sein, der sich in dieser neuen und bisher nicht sehr ausgereiften Wissenschaft versuchte.

Einmal wollte Klinkerfues Messungen auf dem Meißner, einem genau 749 Meter hohen und 20 Kilometer langen Bergmassiv im nördlichen Teil des hessischen Berglandes, machen. Mit viel Gepäck und Instrumentarium sowie zwei Assistenten reiste er an. Anfangs trugen sie alles Material allein. In Dudenrode aber hatten sie die Nase voll vom Schleppen und suchten sich gegen Mittag einen Bauern, der sie mit dem Fuhrwerk hinaufbringen sollte. Der wollte aber erst am nächsten Tag fahren, weil, wie er sehr bestimmt feststellte, „ein Gewitter im Anzug“ sei. Die Luft aber war nicht schwer! Nur eine kleine Wolke schaute im Südwesten über die Hügel. Klinkerfues fragte mürrisch, woher er das denn wisse. Der Bauer antwortete: „Meine Frau spürt schon seit heute morgen ihr Rheuma im Knie, und unser altes Pferd scheuert seinen Achtersten an der Stallwand. Da kann es nur Gewitter geben!“

„Was interessiert mich der Hintern Ihres Pferdes“, antwortete Klinkerfues. „Von Gewitter gibt es heute keine Spur! Wir fahren selbstverständlich noch heute zum Meißner hinauf!“ Als sie aber zwei Stunden unterwegs waren, brach ein Gewitterregen los, als wollte die Erde in Suppe zerfließen. Der Bauer schützte sich mit einer alten Kutte, die er vorsorglich mitgenommen hatte, so gut es ging. An Klinkerfues und seinen Assistenten blieb kein Quadratzentimeter trocken!

Als sie Stunden später völlig durchnäßt wieder im Tal waren, konnte der Bauer es sich nicht verkneifen zu sagen: „Was das Wetter angeht, weiß der Hintern eines Pferdes mehr als alle Meteorologen zusammen!“ Widersprechen konnte keiner der gelehrten Köpfe.

Durchdacht

Nicht immer standen Lehrer, Pfarrer, Kantoren und Organisten so gut in Lohn und Brot wie heute. Auf dem Lande hatten sie oft noch eine kleine Bauernstelle nebenbei, um ihre Familien ernähren zu können. Auf der anderen Seite hatten die Menschen im Dorf eine Fürsorgepflicht für sie. Der Pfarrer z. B. bekam in vielen Ortschaften bei einer Trauung schon mal ein Huhn geschenkt oder bei der

Taufe einen Schinken, der Lehrer zur Konfirmation z. B. eine Ente oder ein paar Haxen.

Adolf Häger, der hessische Chronist, berichtet in einer Reihe von kleinen Erzählungen über diese Bräuche. Ein kurzes aber treffendes Beispiel sei hier wiedergegeben: „In einem Hessendorf bestand als altes Recht die Gepflogenheit, daß die Kirmesburschen dem Pfarrer zur Kirmes einen Blechkuchen geben mußten und dem Lehrer einen halben. Diesmal stellte sich der Pfarrherr am Kirmessonnabend recht früh in seinem Kaleschen ein – denn er wohnte im Nachbardorf – und trat mit einer umfangreichen Serviette in das Haus des ersten Platzburschen, um seinen Kuchen abzuholen. Der lag dort schon auf dem Kuchenbrett, braun und knusprig und mit dicken Streuseln darauf. Der Pfarrherr langte zum Messer, um ihn handlich zu zerschneiden. Da gewahrte er daneben ein Kuchenbrett mit einem Kuchen, der seinem an Größe kaum etwas nachgab.

„Wem gehört denn der Kuchen?“ fragte er. „Inserm Kanter“, war die Antwort. – „Ja, der kriegt doch nur einen halben!“ – „Is ja öh nur'n halwer.“ – „Aber ich bitt Euch, meßt Ihr denn mit zweierlei Maß? Meiner ist doch nicht nochmal so groß!“ – „Inser Kanter hat so veele Kinnerchen, und dann hält hä öh den Gesangverein umsünst. Nä, da wolln m'r net so sinn. Mä schnieden nur einen Striemel dran weg.“ – „Ja, warum gebt ihr denn da dem keinen ganzen?“ – „Doas wär auch widder net räächt. Hä kriggt nur'n Halwen, un wenn m'r net uffpassen, dann wird's 'n Räächt, und dann müssen m'r immer 'n ganzen gän, mag's dann ein Kerl sinn, wie er will.“

Gegen Würmer

Gegründet wurde der Guttempler-Orden im Jahre 1852 in den USA. Seit 1889 gibt es einen deutschen Ableger, der sich ebenso redlich bemüht, den Alkoholkonsum im Lande einzudämmen. Manchmal fuhren Guttempler in kleinen Gruppen auf's Land hinaus und verteilten sich auf verschiedene Gaststätten, um dort für die Abstinenz von dem schlimmen Geist zu werben. Um das ganze eindrucksvoller zu gestalten, hatten sie auch einiges Anschauungsmaterial mit, z.B. Bilder von schwachsinnigen Kindern, die unter starkem Alkoholeinfluß gezeugt worden waren. Auch führten sie vor den staunenden Augen folgenden Test durch: Ein lebendiger Regenwurm wurde zuerst in ein Wasserglas gesetzt, und alle konnten sehen, daß er sich wohlfühlte. Danach legten sie ihn in ein Glas mit Alkohol, und nach kurzer Zeit war er verendet. „Nicht einmal ein Wurm hält den Alkohol aus!" riefen die Redner am Schluß. „Wie soll ein Mensch das vertragen?"

Nach einer solchen Vorführung in einem Dorfkrug bei Husum meinte ein Bauer aus Simonsberg, der so aussah, als hätte er schon viele Jahre dem Alkohol kräftig zugesprochen: „De Vörtrag war bannig good. Nu wett ick, wat ick gegen miene Wörmer dohn mutt!"

Fröhlicher Tanz

Heute sind, wo einst ein Gut Bismarcks stand, nur noch Ruinen zu finden. An der alten Staatsbahnlinie von Neustettin nach Stolpmünde lag nahe der Station Hammermühle bis zum Ende des Zweiten Weltkrieges Bismarcks Gut Varzin. Das Rittergut mit einem ansehnlichen Herrenhaus und weitläufigem Waldpark hat zu den Lieblingsaufenthaltsorten des Reichskanzlers Fürst Bismarck gehört. Einst feierte er hier in Hinterpommern das Erntefest mit. Nach alter Überlieferung war es üblich, daß auch die Großmagd den Gutsherrn zu einem Tanze auffordern durfte. Und da auch Bismarck daran seine Freude fand, legte er mit dem kräftigen Weibsbild eine flotte Sohle aufs Parkett. Anschließend meinte er lachend: „Bis jetzt hat mich noch keine Großmacht so zu schwenken vermocht wie meine Großmagd."

Das Streitgespräch

In Jena hatte ein Bauer Gemüse bei einem Grünwarenhändler abzuliefern. Dabei fuhr er mit seinem Karren auch an der Universität vorbei. Vor dem Tor versammelten sich gerade Professoren und Studenten zu einem Streitgespräch. Der Bauer, der gerade im Wirtshaus „Zur Tanne" einen kräftigen Schluck genommen hatte, ging hin und fragte keck, ob er mitstreiten könne. Studenten und Professoren schauten ihn belustigt an und baten ihn, mit in den Saal zu kommen. Dort wollten sie sich mit ihm einen gehörigen Spaß verschaffen. „Du kannst mitmachen", sprach einer den Landmann an, „aber zuerst mußt du drei Taler hinterlegen. Wir beantworten einander Fragen. Und wer sie nicht beantworten kann, verliert sein Geld." Der Bauer legte, wie die anderen, drei Taler auf den Tisch. Einer der Professoren begann die lustige Disputation und fragte ihn zuerst: „Wie heißt die Mutter von Jesus Christus?" Er antwortete: „Maria." „Jetzt bist du an der Reihe", meinte der Professor zu ihm, „jetzt mußt du fragen." – „Wie hieß meine Mutter?" lautete die Frage des Bauern. Als ihn die einen verlegen, die anderen belustigt anschauten, schob er das Geld auf dem Tisch zusammen, steckte es in seinen Lederbeutel, nahm seinen Hut und ging zur Tür. Dort drehte er sich zu den verdutzten Professoren und Studenten noch einmal um: „Meine Herren“, sagte er lachend, „wenn Sie wieder disputieren, bitte laden Sie mich ein!“ Und zog weiter, um sein Gemüse abzuliefern.

Die Respektseite

Ein Prozeß in Celle stand vor der Entscheidung. Die Sache von Bauer Hagedorn aus Blegsdorf stand nicht schlecht. Bevor sie hereingerufen wurden, gingen der Rechtsanwalt und der Bauer noch emsig auf dem Korridor hin und her, um einige Einzelheiten abzusprechen. Wie zu antworten sei, wenn diese oder jene Frage auftauche! Was entgegnet werden müßte, wenn die Gegenpartei so oder so argumentiere. Während man so von einem Ende des Flurs bis zum anderen wanderte, bemühte sich der Bauer immer, auf der „Seite des Respekts“, also zur Linken des Anwalts zu bleiben. „Herr Hagedorn“, meinte der schließlich verdrießlich, „so ernst brauchen wir hier die äußeren Formen nicht zu nehmen!“ – „Das tue ich auch nicht, Herr Justizrat! Aber auf dem Acker bin ich seit 35 Jahren gewohnt, links neben den Ochsen zu gehen.“

Der gleiche Weg

Sehr volkstümlich ging der Graf zu Stolberg-Wernigerode mit den Bewohnern seiner Grafschaft um. Er war für ein kleines Gespräch immer zu haben und duzte dabei gern seine Untertanen auf kameradschaftliche Weise. Eines Tages hatte er sich in der Nähe von Klarrode verlaufen und fand nicht mehr aus dem Wald heraus. Glücklicherweise begegnete ihm der Köhler Josef. „Kannst du mir sagen, wie ich den Weg nach Wernigerode wiederfinde?“ fragte ihn der Graf. „Du gehst“, erklärte der sachkundig, „etwa fünf Minuten auf diesem Wege zurück. Und dann den kleinen Pfad nach links. Der führt am Talhang entlang bis zu einer großen Schneise, an deren Ende du wieder links abbiegen mußt. Und dann folge einfach den Wagenspuren. Sie führen direkt nach Wernigerode.“

Der Graf freute sich über die gute Beschreibung, war jedoch erstaunt, daß ihn der Köhler mit „du“ angeredet hatte. „Ist dir entgangen, daß ich der Graf bin?“ forschte er nach. „Nein“, entgegnete dieser ungerührt, „und selbst wenn du der König wärst, der Weg wäre der gleiche!“

Der treffende Vergleich

Als Dank für seine Hilfe bei einer Treibjagd war ein brandenburgischer Bauer von Baron H. eingeladen worden. Als die Gesellschaft zusammensaß und der Wein eine Weile geflossen war, begann der Baron eine lange Rede zu halten. Über seine Familie und ihre Vergangenheit! Über die Verbindung zu manchem bedeutenden Geschlecht! „Fast vierhundertfünfzig Jahre läßt sich unsere Familie zurückverfolgen!“ schwärmte er vor seinen Gästen. Der Bauer, der einen über den Durst getrunken hatte, stand nach der Rede auf, um dem Baron für die Einladung zu danken. Am Schluß meinte er mit etwas lallender Stimme: „Sie, Herr Baron, erinnern mich an eine Kartoffel!" – „Wie kommst du denn darauf?" rief der Angesprochene verdutzt. „Bei der Kartoffel liegt auch das Beste unter der Erde."

Gesangspause

Eine echte Silbermannorgel steht noch heute in einem kleinen Dorf bei Naunhof im Leipziger Land. In den zwanziger Jahren war es. Die Gemeinde hatte sich zum Sonntagsgottesdienst versammelt, und der herrliche Klang der Orgel erfüllte das Kirchenschiff. Die Gemeinde sang aus voller Brust das alte Luther-Lied „Ein feste Burg ist unser Gott". Als gerade die Zeile „der altböse Feind" kraftvoll erscholl, riß der lange nicht erneuerte Zugriemen der Orgel, und mit einem langgezogenen unpassenden Baßton verklang das Spiel. Urplötzlich hielt deshalb auch die Gemeinde mit dem Gesang ein. In der einsetzenden Stille hörten alle den Gesprächsfetzen zweier Bauern, die auf einer der hinteren Bänke saßen, laut und deutlich mit: „Nee, Bruno, der Mistkerl kriecht meine Dochder nich!"

Ohne Ochsen und Pferde

Irgendwo im Böhmerwald wurde eine Nebenbahnstrecke eröffnet. Die Leute aus der Umgegend kamen hinzu, um sich das Dampfroß mit seinen Wagen anzuschauen. Viele sahen eine Eisenbahn zum ersten Male und staunten nicht schlecht. Stolzen Hauptes ging der Stationsvorsteher des Abfahrtsbahnhofes am Zug entlang. Vor der dampfenden und zischenden Lokomotive stand staunend ein alter Bauer und schaute sich das Ungetüm an. „Da staunst, was Alter?“ meinte der beflissene Bahnmitarbeiter zu ihm, „diese Maschine läuft ohne Ochsen und Pferde!“ – „Da staun' ich gar nicht“, warf der Bauer zurück, „wenn man dir glühende Kohlen hinten reinschiebt, rennst a wie besessen!“

Die verlorene Uhr

Ob der Sonntag nach wie vor geheiligt und Feiertag bleiben solle, darüber wird in unserer Zeit intensiv diskutiert. Die Industrie möchte die teuren Maschinen möglichst sieben Tage in der Woche ausnutzen. Schon alle Jahrzehnte zuvor war dies ein Problem in der Landwirtschaft. Wollte man doch gutes Wetter an einem Sonntag für die Ernte nutzen! Es gab Gegenden, da ließen die Landesherren stillschweigend geschehen, daß die Bauern auch an Sonntagen die Frucht einbrachten. In anderen Gegenden, wie vor der Jahrhundertwende in einigen Gebieten der Lüneburger Heide, achteten die Gendarmen sehr genau darauf, daß am Sonntag die Arbeit ruhte.

An einem herrlichen Sonntag war bei Berenbostel Bauer Schliewind mit der ganzen Familie auf dem Feld. Aus einem nahen Waldstück kam der Gendarm geritten und frohlockte: „Hab' ich euch endlich mal ertappt! Ihr wißt doch ganz genau, daß der Sonntag dem Kirchgang und der Muße gehört!“ – „Natürlich weiß ich das“, entgegnete Schliewind verbindlich. „Ich habe hier gestern abend aber meine Uhr verloren. Irgendwo in einem Haufen muß sie liegen!“ Der Landjäger schaute mißtrauisch! „Bruno“, mahnte der Bauer mit lauter Stimme seinen Knecht, der in einiger Entfernung Heu wendete, „paß auf die Uhr auf!" Und zu Katrin, der Magd, zur anderen Seite gewandt: „Daß du mir ständig auf die Klock' achtest!" Alle arbeiteten weiter, auch die beiden Töchter und die Bauersfrau am unteren Ende des Ackers. Unsicher, was er nun unternehmen sollte, schaute der Gendarm zu. Eine viertel Stunde, eine halbe Stunde, eine dreiviertel Stunde! Plötzlich rief der Bauer: „Schaut alle her. Ich habe die Uhr gefunden!" Und er hielt sie weit sichtbar hoch, so daß sie in der Sonne glänzte. „Jetzt können wir alle nach Hause gehen", rief er den anderen auf dem Felde zu. Als alles auf dem Leiterwagen saß und Walter, der alte Kaltblütler, ihn mühelos hinunter ins Dorf zog, meinte der Bauer verschmitzt: „Ich habe euch das doch heute morgen schon gesagt, wenn wir die Uhr im letzten Haufen verstecken, werden wir mit der Arbeit fertig, auch wenn der Landjäger kommt!"

Rindviecher

Es war in der Zeit, als noch nicht Automobile die Landstraßen prägten. Ein pfälzischer Bauer war mit einem zweispännigen Fuhrwerk unterwegs, um in Germersheim, damals eine bekannte Garnisonsstadt, zwei Rinder beim Kasernenmetzger abzuliefern. Unterwegs begegnete ihm ein wohlbeleibter Bürstenhändler, der des einsetzenden Regens wegen bat, unter der schützenden Plane des Wagens ein Stück mitfahren zu dürfen. „Kaanst metfahre!" sagte der Bauer verdrießlich, „is besser als im Regen laufe!" Da der Wagen ziemlich klapprig aussah, fragte der Händler: „Werd's net zu schweer, wann ich uffschteig?" Darauf der Bauer zutraulich: „Zwei Rindviecher schaffe ich in die Stadt. Eens mehr uff'n Wage, aach das bißche Gewicht schad nix."

Barfuß

In einem pommerschen Dorf wurde an einem schönen Sommertag eine neue Schule eingeweiht. Eine Blaskapelle spielte lustige Weisen vor dem neuen Gebäude, und alles, was Beine hatte, war zu einem Umtrunk versammelt. Die Kinder freuten sich über verteilte Süßigkeiten. Zur Eröffnung war der Landrat des Kreises Saatzig aus Stargard gekommen. Bevor er auf das festlich geschmückte Podium trat, um eine kleine Rede zu halten, unterhielt er sich mit einem Bauern aus dem Dorf. „Sagen Sie einmal, warum gehen denn die Kinder hier alle barfuß?" – „Ach", erwiderte der Bauer, „in unserem Dorf kommen sie so auf die Welt!"

Was Gescheites

Um 1880 war's! Ein Reisender kam mit der Kutsche nach Silberstedt im Schleswigschen. Schon später Abend war es geworden. Und so faßte er den Entschluß, hier zu übernachten und anderntags weiter nach Husum zu fahren. Am Dorfeingang begegnete ihm ein Junge, der seinem Onkel in Schuby einen Kuchen gebracht hatte. Der Fremde hielt ihn am Arm fest: „Sag mal, Kleiner, habt ihr nicht ein Wirtshaus hier im Dorfe, wo ich ausspannen kann?" – Der Junge antwortete etwas ängstlich: „Jo, hebbt wi!" – „Gibt's da auch was Gescheites?" bohrte der Reisende nach. „Jo, us Scholmester!"

Zwei gleiche Hälften

Im Südwesten Deutschlands waren die Höfe schon im letzten Jahrhundert oft deshalb kleiner als z. B. in Niedersachsen oder Schleswig-Holstein, weil sie immer wieder unter den Erben geteilt wurden. Ein Bauer im Badischen hatte eine größere Landstelle und wollte sie seinen beiden Zwillingssöhnen Moritz und Bruno vererben. Doch die konnten sich trotz allen guten Zuredens ihres Vaters nicht einigen. Da standen Fragen offen, wie die: Ist die Wiese am Mühlenbach nicht im Frühjahr überschwemmt und deshalb zu den minderwertigen Böden zu zählen? Ist der Acker draußen an der Kiefernschonung mehr oder weniger steinig? Als der Vater sah: die beiden konnten sich nicht näherkommen, bestellte er einen Notar, um sein Testament aufzusetzen, worin es dann unumstößlich hieß:

> „... wenn ich aus der irdischen Welt geschieden bin, soll mein Sohn Moritz den Besitz so teilen, daß es zwei gleiche Hälften sind, und mein Sohn Bruno dann als erster das Recht haben, sich auszuwählen, welche der beiden Hälften die seine werden soll ..."

Übrigens: Diese Wendung hat nach dem Tode des Vaters dazu geführt, daß beide ohne Streit auseinanderkamen.

Zeichensprache

Es war in der Zeit, als im Sommer noch die Wanderarbeiter umherzogen, um sich da oder dort für die Erntezeit zu verdingen. Viele Leute aus Polen waren dabei, aber auch solche aus den verschiedensten deutschen Landen, die keine feste Arbeit hatten. Der Tennenlohn-Bauer hatte in der Stadt auf dem Pferdemarkt einen solchen Ernteknecht eingestellt. Zu Hause erläuterte er ihm die Arbeit auf dem

Hofe und seine Aufgaben: „Von vier Uhr morgens an wird bei mir gearbeitet. Frühstück bringt meine Tochter aufs Feld. Zumeist Buchweizengrütze mit Speck! Mittags gehen wir nach Hause und essen eine kräftige Gemüsesuppe. Dann geht's wieder an die Arbeit. Am Nachmittag bringt meine Frau Kaffee auf den Acker hinaus. Und Schluß ist's, wenn die Sonne untergeht. Abends gibt's bei uns Weizenbrot mit Käse, dazu Tee, samstags Rum hinein. Schlafen tust du in der Knechtskammer. Und wenn du mal draußen nichts zu tun hast, flickst du mit am Zaumzeug oder hilfst beim Melken. Ansonsten: Ich rede nicht viel! Wenn ich mit dem Kopf nicke, dann geht's los!"

Nachdem der Bauer also alles gesagt hatte, was zu sagen war, nickte er mit dem Kopf und ging zum Stall. Aber der neue Knecht blieb auf der Bank sitzen! „Hast du nicht verstanden!" rief der Bauer zornig. „Wenn ich mit dem Kopfe nicke, beginnen wir mit der Arbeit!" – „Wir verstehen uns schon", antwortete der Knecht, „Sie müssen nur auch mich begreifen. Wenn ich den Kopf schüttele, habe ich keine Lust zu arbeiten. Und eben habe ich mit dem Kopf geschüttelt. Und ansonsten: Ich rede auch nicht viel! Wenn ich den Kopf schüttele, dann bleib ich sitzen!"

Der Bierflaschenhals

Stine, die einzige Kuh eines armen Kätners bei Holzbunge auf der Geest, hatte mit dem Heu auch den Hals einer abgebrochenen Bierflasche verschluckt. Da sie traurig im Stall lag und nicht mehr fraß, holte er den Tierarzt. Der operierte die Kuh sofort und holte das magenfeindliche Objekt ans Tageslicht zurück. Als der Bauer, der zugeschaut hatte, den Flaschenhals mit Bügel sah, sprach er vorwurfsvoll zu seiner Kuh: „Stine, mut du sowat freeten, du Dösbaddl?“

Farbecht

In einem Kaufhaus hatte Bauer Kuhnert aus einem Dorf bei Apolda sich schwarze Socken für den Kirchgang gekauft. In der folgenden Woche tauchte er wieder auf und beschwerte sich: „Sie versicherten mir doch, daß die Strümpfe farbecht seien. Nun habe ich am Sonntag das Paar angezogen und meine Füße sind ganz schwarz geworden. Viermal habe ich sie schon gründlich gewaschen, aber die Farbe geht einfach nicht ab!“ – „Gott, was ist das bloß für eine gute Farbe! Was wollen Sie denn noch mehr?“

Der Brunnen

Wie überall, wo Menschen zusammenleben, gab es auch früher zwischen Bauern Streit. Mal um verschobene Grenzsteine, mal um ein lahmendes Pferd oder eine Kuh, die zu wenig Milch gibt. Um einen Brunnen geht es in einem Streit, über den der schlesische Schriftsteller Alfons Hayduk in seinem Schelmenroman „Gaschin“ berichtet und der einen ganz unerwarteten Ausgang nahm:

„Im oberschlesischen Bauernlande … lebten zwei Bauern nachbarlich mehr schlecht als recht beisammen. Wohl hatten sie in ihrer Jugend als gute Freunde miteinander die Kühe gehütet, manchen Streich in gemeinschaftlichem Übermut verübt und auch oft genug zum Leidwesen ihres Lehrers die Schule geschwänzt. Nun aber waren sie gänzlich auseinander, und dies alles nur wegen des Brunnens, der zwischen beiden Höfen lag und von beiden nach altem Gewohnheitsrecht benutzt wurde.

Jetzt auf einmal gab es ständig Streit, und um diesem ein für allemal ein Ende zu machen, drohten sie mit gegenseitiger Klage vor Gericht und meinten, ein Prozeß werde die leidige Sache aus der Welt schaffen und den altnachbarlichen Frieden wiederherstellen.

Ein Wort gab das andere, und um nicht zu guter Letzt handgreiflich zu werden, forderte der eine den anderen auf, mit ihm am nächsten Tage in die Stadt zum Advokaten zu gehen. Der Advokat war ein Schelm, der sich auf seine Bauern verstand. Nachdem er einsah, daß eine gütliche Einigung nicht mehr möglich sei, ließ er sich einige blanke Taler Vorschuß aufzählen und schrieb dann einen Brief an seinen Kollegen in der gleichen Stadt!

‚Ihr müßt nämlich jeder einen Anwalt haben‘, sagte er und schickte die beiden Streithähne schmunzelnd zu jenem zweiten Advokaten. Den Brief steckte er in einen Umschlag, verklebte diesen aber nicht. Da waren die Bauern natürlich neugierig und begannen gleich vor der Tür, so gut sie es vermochten, die Schrift zu buchstabieren:

‚Mein lieber Freund, ich schicke dir
Die beiden fetten Ochsen hier –
Sie wollen nicht aus einem Brunnen schöpfen;
Drum müssen wir sie tüchtig schröpfen,
Bis mager sie von Zank und Raufen
Dann wieder aus dem Brunnen saufen.‘

Verdutzt sahen sich die beiden an. Dann platzte der Knoten mit lautem Gelächter, und die Brunnengeschichte war für immer begraben. Den Advokaten aber luden sie beide zum nächsten Kirmesschmaus.“

Nur Rindviecher

Ludwig Thoma, bayerischer Förstersohn, der als Redakteur des „Simplizissimus“ zu den großen deutschen Satirikern zu Anfang dieses Jahrhunderts gehörte, kannte die bayerischen Bauern wie kaum ein anderer. In Büchern wie „Andreas Vöst“ oder „Der Wittiber“ schilderte er ihre Welt gänzlich unsentimental, aber echt bis zu den Feinheiten mundartlicher Wendungen. Neben seinem schriftstellerischen Beruf betrieb er – übrigens sehr erfolgreich – ein eigenes Gut. Als ein Kalb eben den Mutterleib verlassen hatte, soll er zu diesem gesprochen haben: „Armes Tier, an deiner Stelle hätte ich auch feuchte Augen, wenn ich sehen würde, daß meine Eltern nur Rindviecher sind!“

Nichtraucherabteil

Heute diskutieren wir darüber, ob das Rauchen in allen Eisenbahnabteilen abgeschafft werden soll. Um 1910 war das noch nicht der Fall, aber es gab schon seit Jahrzehnten Abteile für Raucher und Nichtraucher. Von Kappeln fuhr eine Kleinbahn nach Eckernförde. Vorn ein Wagen für Raucher, hinten einer für rauchfreies Publikum. Ein Bauer war bei der Abfahrt versehentlich in den Nichtraucherwagen gestiegen und hatte sich dort genüßlich eine Pfeife angezündet. Das fand eine Dame mit rotem Hut, die zwei Stationen später zugestiegen war, so abstoßend, daß sie sich beim Schaffner beschwerte.

Um keinen weiteren Ärger zu erleben, verließ der Bauer das Abteil, als der Zug im nächsten Bahnhof hielt. Und siehe da, im vorderen Wagen traf er Kuddl Hansen, seinen Schwager aus dem Nachbardorf, der gerade ein Brot mit

Knoblauchwurst verzehrte, das auf viele Meter auch noch von verschnupften Fahrgästen hätte gerochen werden können. „Schwager", sagte der Bauer, „bitte tu mir einen Gefallen! Setze dich, wenn der Zug wieder hält, in den letzten Wagen zu der Dame mit dem roten Hut ins Abteil. Ich gebe dir dafür fünf Mark!"

In Rieseby schmunzelte der Bauer in sich hinein, als plötzlich die Tür aufging und die Dame mit dem roten Hut sich zu ihm setzte. „Entschuldigen Sie! Das mit dem Schaffner vorhin habe ich nicht so gemeint! Eigentlich hat Pfeifenrauch sogar einen Geruch, den ich gerne mag!"

Verdammte Sauferei

Leute, die viel gearbeitet, aber auch viel getrunken und viel geflucht haben, gibt es nicht nur in der Stadt! Hinnerk war Knecht auf einem Hof des Friedrichskooges auf Nordstrand, und auf ihn paßte diese Beschreibung hundertprozentig. Besonders schlimm war es gewesen, als Johann noch lebte, der Knecht aus dem nahen Odenbüll. An Sonntagen hatten sie zusammen Sauftouren gemacht. Oft genug waren sie bis in die Nacht hinein „versackt". Johann aber war vor fünf Monaten gestorben. Und jetzt hatte es auch Hinnerk erwischt. Mit einer bösen Lungenentzündung lag er auf dem Sterbelager. Der Pastor kam und spendete ihm Segen und Trost. Auch wer auf der Erde gefehlt habe, könne in den Himmel kommen, wenn er nur vor seinem Tode alles bereue. „Treff ick denn den Johann ok boben in'n Himmel?" fragte Hinnerk den Pfarrer. „Alle Menschen, die Sie gekannt haben, und den Johann auch", tröstete der Pfarrer. „Slimm", meinte Hinnerk, „denn geiht de verdammte Superee dar boben wedder los."

Raucher

Lisa

Wenn Tiere bei Landwirten erkranken, wird nicht immer gleich der Arzt gerufen. Manchmal hilft da einfach eine Flasche Rotwein, wie es im Fränkischen alter Brauch ist, wenn sich bei einem Kalb oder einer Kuh Unpäßlichkeiten zeigen. Dann und wann holen die Bauern auch selbst bewährte Medizin aus der Apotheke, weil sie sich den Namen eines Medikaments gemerkt haben, das bei einer ähnlichen Erkrankung eines Tieres genutzt wurde.

Einem Heidebauern bei Soltau war ausgerechnet die Lisa krank geworden; von all seinen Kühen die beste, weil sie die meiste Milch gab. So schickte er seine Frau zur Apotheke in die Stadt, um das Pulver zu beschaffen, das der Lisa schon im letzten Jahr einmal gut geholfen hatte. Als seine Frau mit dem Medikament zurückgekommen war, sagte der Bauer zu ihr: „Du kannst doch mit der Lisa so gut umgehen. Gib ihr das Pulver! Ich weiß noch genau, wie der Arzt das gemacht hat! Er schüttete sich das Pulver auf die Hand, öffnete Lisa das Maul und blies es hinein."

Fünf Minuten später kam die Frau erregt, hustend und voll weißem Pulver im Gesicht in die Wohnstube. „Was hast du denn gemacht?" fragte der Bauer besorgt. – „Ich habe alles genauso gemacht, wie du gesagt hast. Aber Lisa hat zuerst geblasen!"

Ein Christ?

„Du bist doch ein Christ, Bruno. Du bist getauft. Deine Kinder sind getauft. Warum gehst du nicht ein einziges Mal im Jahr zur Kirche?" fragte Meta, die ältere Schwester des Bauern, die hinaus nach Westerdeichstrich gekommen war, ihren Bruder zu besuchen. – „Ich mag nich!" antwortete der verdrießlich, „eenmol kann ick nich hebben, wenn een alleen snakt. Tweetens mut ick wat to drinken hebben, wenn ick singen schall."

Versichert

Das Pferd „Lene“ hatte schon drei Tage gelben Schaum vor dem Maul, fraß nicht mehr, war sehr unruhig und schien zum ersten Male ordentlich krank zu sein. Der Bauer bestellte den Tierarzt. Der hatte aber mehrere Besuche zu machen und kam deshalb erst am Nachmittag. Zu dieser Zeit war der Bauer mit den anderen beiden Pferden bereits wieder beim Pflügen. So mußte die Bäuerin ihn zum kranken Pferd führen. Als der Arzt sich jedoch dem Tier näherte, schlug es wild aus und hätte ihn beinahe mit dem Huf am Knie verletzt. „Können Sie das Pferd nicht beruhigen. Sie kennt es doch?“ meinte der Arzt mit vorwurfsvoller Stimme. „Das schon“, antwortete die Bäuerin. „Aber bei Ihn’n schadet das doch nicht. Sie sind doch versichert!“

Die Mettwurst und der Pfarrer

In einem kleinen Dörfchen im Fränkischen nahe Kronach wurde der Pfarrer zu einer Familie gerufen, in der soeben der Stammhalter geboren worden war. Über die Taufe wollte man sich unterhalten. Der Bauer, auf gutes Klima bedacht, legte eine dicke Mettwurst auf den Tisch und lud den Gottesmann zur Brotzeit ein. Die Bäuerin trug dazu eine warme, kräftige Fleischbrühe auf. „Bitte greifen Sie zu“, ermunterte er den Pastor. – „Ist es egal, wo ich die Mettwurst anschneide?“ fragte er mit harmlosem Blick. – „Das ist uns völlig gleichgültig!“ – „In Ordnung“, meinte der Mann im schwarzen Rock zufrieden, packte sie in ein Tuch, das er aus seiner Weste gezogen hatte, und sagte mit freundlichem Blick: „Dann schneide ich sie am besten erst zu Hause an!“

Weltuntergang

Erdbeben sind in Deutschland mehr als selten. Und wenn einmal ein Erdstoß die Landschaft erschüttert, dann richtet er durchschnittlich keinen größeren Schaden an.

Mitten in der Nacht war in der Eifel einmal solch ein kleines Beben. Bauer Brunnenhans, der abends lange in der Wirtschaft gewesen war, wachte nicht einmal auf. Aber Sophie, seine Frau, war so erschrocken, daß sie im Bett aufschoß und lauthals schrie: „Hansl, ich glaube, die Welt geht unter! Steh auf!“ Doch der fragte nur aus dem wohligen Schlaf: „Hat's denn schon posaunt?“ – „Ich glaube, es wird gleich losgehen!“ – „Ja, dann kann ich halt noch die Zeit schlafen“, murmelte der Brunnenhans und drehte sich genüßlich auf die andere Seite!

Lebensnäher

Familienfotos wurden in der Zeit vor und nach dem Ersten Weltkrieg noch nicht mit jener entspannten Haltung und jenen lockeren Gebärden fotografiert, wie das heute allgemein üblich ist. Fotografieren, das war eine ganz ernste Sache! Und so ernst schauten zumeist die Abgelichteten auch in die Kamera.

Manchmal zogen wandernde Fotografen durchs Land und klopften an den Türen der Bauernhäuser, um sich für einige Familienfotos anzudienen. Für Bauer Christian Schiebewind im Sauerländischen kam ein solcher Fotograf gerade recht, denn er wollte sich, bevor die Söhne aus dem Haus gingen, noch einmal mit der ganzen Familie ablichten lassen. Zuerst wurde das obligatorische Gesamtbild vor die Linse gestellt. Danach ließ sich der Bauer mit jedem seiner drei Söhne einzeln fotografieren. Als letzter kam er mit Otto vor die Kamera, dem jüngsten Sohn, der ein rechter Tunichtgut war und seinem Vater nach Abschluß der Schule ständig auf der Tasche gelegen hatte. „Das Bild würde lebensnäher wirken“, bemerkte der Fotograf, „wenn Ihr Sohn die Hand um Ihre Schultern legen würde.“ – „Auf einem lebensnahen Bild hätte mein Sohn die Hand in meinem Geldbeutel“, antwortete der Bauer.

Die Gegenfrage

Ein Bauer hatte auf dem Pferdemarkt einen Grauschimmel erstanden. Eine Dreiviertelstunde lang war sein Weg ins heimische Dorf. Doch obwohl er das Tier führte und nicht ritt, begann es schon nach kurzer Zeit am rechten Hinterhuf zu lahmen. In dem Glauben, betrogen worden zu sein, kehrte er mit dem Pferd zum Markt zurück, um den Händler zur Rede zu stellen. Doch der war bereits verschwunden.

So blieb dem Bauern nur der Weg zum Advokaten. Der hörte sich die Geschichte an und fragte dann, da der Gast nicht den Eindruck machte, als sei er mit Reichtümern gesegnet: „Wenn es zur gerichtlichen Auseinandersetzung käme, könnten Sie diese auch bezahlen?“ Der Bauer schaute ihn keck an und fragte seinerseits: „Herr Advokat, wenn ich den Prozeß bezahlen könnte, würden Sie ihn für mich gewinnen?“

Übertrieben

Pastor Moritz gehörte zu jenen seines Berufsstandes, die die Menschen wirklich an der Seele rühren können. Und so wurde in seinen Gottesdiensten denn auch viel geweint. Eines Bußtags war die kleine Kirche in einem Dorf im Wesertal so voll wie selten. Da lief der Pastor in seiner Predigt zu großer Form auf. So eindringlich sprach er von den verlorenen Seelen, die ruhelos umherirren müssen, daß das Kirchenschiff von vorn bis hinten von Schluchzen erfüllt war. Da merkte der Pfarrer, daß er etwas übertrieben hatte, beugte sich über den Kanzelrand zu seinen Schäfchen hinunter und sagte mit weicher Stimme: „Nun hört doch auf zu weinen. Die Geschichte, um die es heute ging, ist doch schon ganz lange her!“

Jedes Jahr ein Zahn!

Testamentsbestimmungen können mehr als seltsam sein. Das gilt auch für jene kuriose Festlegung, die ein ostpreußischer Gutsbesitzer um die Jahrhundertwende für seine Erbin getroffen hatte:

> „Meine Großnichte Berta-Ida erbt mein gesamtes Vermögen, einschließlich meines Anteils an der Brauerei in Königsberg … Damit sie sich wenigstens einmal im Jahr in Schmerzen an mich erinnert, verfüge ich, daß sie sich jeweils an meinem Todestag einen Zahn ziehen lassen muß, solange das möglich ist. Der Notar wird beauftragt, die Durchführung zu überwachen …“

Nachtrag: Die Erbin hatte das Pech – oder Glück? –, frühzeitig zu dritten Zähnen zu gelangen, so daß der Passus nach dem Tode des Testamentsschreibers bereits hinfällig war.

Halleluja

Draußen auf den Halligen kam der Pastor früher noch ins Haus und führte die Taufe vor der versammelten Familie in der guten Stube durch. Den herzergreifenden Worten des Geistlichen und der kleinen Zeremonie folgte zumeist noch eine Kaffeetafel. So auch bei Paddy Nielsen auf der Hallig Hooge, dessen Sohn Thies soeben die Heilige Taufe von Pastor Nordhof empfangen hatte. Alles saß zusammen, und der stolze Vater hob das Grogglas zum Trinkspruch! Für den Pfarrer schien ihm das einfache „Prost“ zu gering und zu alltäglich. So sagte er mit kräftiger Stimme: „Jo, denn Halleluja, Herr Pastor!“

Einen Bären aufgebunden?

Einer, der an keiner Flasche vorbeigehen konnte, das war der alte Fitzner-Bauer unten bei der Wassermühle. Ob Bier oder Korn, ob Wein oder selbstgebrannten Pflaumenschnaps, er trank alles und meinte über sich selbst ironisch: „Der Alkohol muß vernichtet werden. Er verdirbt die Menschheit. Und ich nehme an diesem Vernichtungsfeldzug regen Anteil!“ Gar oft mußte ihn die Bäuerin des Nachts aus der Wirtschaft holen. Eines späten Abends war er sogar vor Trunkenheit in den Mühlbach gefallen. Nur dem Zufall war es zu verdanken, daß der Müller gerade aus dem Fenster geschaut und ihn vor dem Ertrinken errettet hatte.

Als ein neuer Pfarrer ins Dorf gekommen war, hörte er auch von den schlechten Gewohnheiten des Fitzner-Bauern. So bestellte er ihn eines Morgens zu sich und sagte: „Das ganze Dorf erzählt, daß Sie trinken, und zeigt mit dem Finger auf Sie, weil Sie dem Alkohol so kräftig zusprechen. Wissen Sie nicht, daß Sie damit nicht nur sich selbst sondern auch Ihre Familie ruinieren können?"

Der Bauer schaute ihn listig an. „Aber Herr Pfarrer, da haben Sie sich einen Bären aufbinden lassen! Ich rühre keinen Alkohol an!" – „Es haben mir aber so viele Leute aus dem Dorf bestätigt, daß ich's fest annehmen muß!" – „Herr Pfarrer, wie schlecht Sie von mir denken", entgegnete der Alte, „als die Pfarrstelle wieder besetzt wurde, da haben die Leute gesagt: Der neue Pfarrer säuft wie ein Loch. Doch ich denke immer gut von den Menschen und habe geantwortet: Das kann ich nicht glauben. Jetzt muß ich wohl auch glauben, was ich über Sie im Dorf gehört habe."

Pleite

35 Säcke saubere Gerstensaat hatte ein Bauer zu verkaufen. Der Landhändler – es war in den fünfziger Jahren im Oldenburger Land – kam noch selbst mit einem alten, klapprigen Büssing-Lastwagen, Jahrgang 1937, auf den Hof. Schnell war man sich einig geworden, und zwei Knechte luden die Säcke auf.

Als es ans Bezahlen ging, hatte der Händler jedoch nur einen Scheck zur Hand. Da der Bauer mit einem ungedeckten Scheck schon einmal schlechte Erfahrung gesammelt hatte, entschuldigte er sich mit einem Vorwand für kurze Zeit, um von seiner Wohnstube aus bei der Bank anzurufen. Und siehe da: Seine Skepsis war berechtigt! Der Landhändler hatte keine müde Mark mehr auf seinem Konto! Wütend lief der Bauer hinaus und rief schon von weitem: „Ihr Scheck ist nicht gedeckt. Die Bank kann nicht zahlen!" – „Woher soll ich wissen, daß gerade wenn ich unterwegs bin, meine Bank pleite geht", antwortete der Landhändler ungerührt, griff in die Tasche und zahlte mit zerknüllten Scheinen in bar.

Vier Flaschen Korn

Bauer Meglow aus dem Pommerschen hatte sein Lebtag lang fleißig geschafft und sich ein kleines Vermögen angesammelt. Auch für das Ende hatte er gut vorgesorgt: eine kleine Lebensversicherung zugunsten seiner Frau, den Hof für den ältesten Sohn. Ja, und für sich selbst hatte er ein Begräbnis im Sarg aus Palisanderholz mit Messingbeschlag bestimmt. Als penibler und umsichtiger Alter hatte er auch mit der Formulierung der Einzelheiten nicht gespart. Vielleicht aus Mißtrauen gegenüber dem, was nachkommt. Und so war denn im Testament zu lesen, daß ihm außer Jagdhorn und Jagdflinte auch vier Flaschen Korn im Sarg beigegeben werden sollten.

Als er nun das Zeitliche gesegnet hatte, der Bauer Meglow, mußte der Sargtischler zu guter Letzt – oder wie wir in diesem Zusammenhang besser sagen, ganz zum Schluß – den Deckel schließen. Als er die vier dicken Liter-Flaschen Korn sah, taten diese ihm arg leid. „So ein schöner Korn in die modrige Gruft“, dachte er. Und so nahm er flugs die Flaschen heraus und ließ sie durch vier Bierflaschen ersetzen, die der Lehrling schnell beim Krämer besorgen mußte.

Der Begräbnistag war ein heißer Sommertag! Und durch das Rütteln erst beim Fahren des Leichenwagens auf der holprigen Dorfstraße und dann beim Tragen muß der Druck in einer der Flaschen so groß geworden sein, daß der Bügelverschluß mit einem lauten „Tschuff“ aufplatzte. Die vier Träger machten ein entsetztes Gesicht, aber der Erfahrenste unter ihnen beruhigte sie. „Der is von de Sonn’ platzt, dat givt’s emmer mohl wedder.“

Just als sie den Sarg in die Grube brachten, ertönte erneut ein unüberhörbares „Tschuff". Die zweite Flasche hatte sich selbst geöffnet! Da ließen sie den Sarg so schnell in die Grube nieder, daß er mit einem lauten Krach unten aufschlug. Und nachher beim Umtrunk meinte der erfahrene Leichenträger noch immer blaß: „Hunnert oder og tweehunnert häv ick unner de Erd' brocht, awwer dat een tweemol platzt is', dat häv ick noch nich erlevt. Da mut de Düwel drin west sien!"

Lehmarbeiten

Es war ein herrlicher Sommertag im Holsteinischen. Seit Tagen war die Luft seidig warm, und kein Wind ging über das Land. Am Feldrain bei Schönwalde saß ein kleiner munterer Junge und formte aus Lehm, den er aus der Erde gekratzt hatte, kleine Häuser. Als der Pastor vorbeikam, fragte er ihn, was das denn werden solle. „Unser Dorp", antwortete der Kleine. „Aber da fehlt ja noch die Kirche!" – „Dor is de Kark!" zeigte der Kleine auf einen größeren viereckigen Klumpen. – „Ja, aber da muß noch ein Turm dran." – „Dor bin ick bi", meinte der Junge und zeigte das langgestreckte Lehmstück, das er in der Hand hielt. „Willst du nicht auch den Pastor noch fabrizieren, der in die Kirche gehört?" – „Nee, so veel Schiet häv ick nich utkratzt!"

Der Maßkrug

Wirtshausschlägereien gab es vor der Fernsehära wie in den Städten ebenso auf dem Lande mehr als heute. So manchmal entwickelte sich daraus ein gerichtlicher Streit. In Lemgo war um die Jahrhundertwende ein Bauer angeklagt, weil er einem Wagenbauer aus seinem Dorf einen Bierkrug über den Kopf geschlagen hatte. „Es hat doch gar keinen Sinn zu leugnen", rief der Richter ihm zu, „es gibt drei Zeugen, die die Version des Betroffenen bestätigen! Sie haben den vollen Maßkrug Knut Gellesen auf dem Kopf zerschlagen!" – „Herr Richter", antwortete der Übeltäter, „wie falsch das ist, können Sie schon daran erkennen, daß unser Gastwirt noch nie einen vollen Maßkrug ausgegeben hat."

Die Serviette

Irgendwo in einem masurischen Dörfchen war der Pfarrer bei einem Bauern zu Besuch, um eine bevorstehende Hochzeit zu besprechen. Da gerade Mittagszeit war, saß die ganze Familie am Tisch, auf dem eine große Schüssel mit wohlriechender Gemüsesuppe dampfte. Gastfreundlichkeit wurde hier großgeschrieben. So forderte die Bäuerin den Pastor auf, einen Teller mitzuessen, und wies ihm einen Platz auf der Bank zu. Dann ging sie in die gute Stube, holte eine große Serviette und gab sie dem Gast. Da die anderen alle ohne Serviette aßen, meinte der Pfarrer, eine freundliche Dankesbemerkung machen zu müssen. „Das ist ja eine besondere Ehre, daß ich mit dieser großen weißen Serviette essen darf. Die steht doch wohl eigentlich dem Hausherrn zu!" – „Ach watt", meinte die Bäuerin, „de Sarvjett brukt min Mann nich, de beschlappert sick nich!"

Die 70000-Mark-Erbschaft

Eine Erbschaft ist noch immer ein gutes Mittel, eine Familie zu entzweien. In bezug auf den fleißigen Knecht Julius Mögesam aus dem Oldenburger Land war der Erbstreit vorprogrammiert! Mögesam hatte keine Kinder und war auch nicht verheiratet. Als direkte Erben für seine angesparten 70000 Mark, von denen er immer wieder gesprochen hatte, kamen nur seine beiden jüngeren Schwestern in Frage, die ebenso geldgierig wie unter sich spinnefeind waren und die zeitlebens kein gutes Verhältnis zu ihrem Bruder gefunden hatten.

Als Mögesam dem irdischen Reich den Rücken gekehrt hatte und in der Kapelle festlich aufgebahrt lag, begann bereits das große Rätselraten unter den Trauergästen aus dem Dorf, wem denn nun das Erbe zustehe. Ein Testament war nicht zu finden. Allerdings hatte der Leichenwäscher auf der Brust des Mannes, der vor seiner Zeit auf dem Lande zur See gefahren war, mehrere Tätowierungen gefunden. Eine mit dem Spruch: Mein Geld erbt meine Schwester Meta.

Brunhilde, die andere Schwester, legte sofort Beschwerde ein. Die Hauptbegründung ihres Anwalts lautete: „Das Testament ist nicht eigenhändig verfaßt worden!“ Diesem Einspruch folgte das hohe Gericht und sprach Meta und Brunhilde je 35000 Mark zu. – Nach langem Suchen wurde das Sparbuch Mögesams doch noch gefunden. Eingetragen war die Summe von 8,50 Mark. So sahen die beiden Schwestern nie einen Pfennig, denn allein die Anwalts- und Gerichtsgebühren betrugen ein Vielfaches der bescheidenen Summe!

Süße Früchte

Pfarrer Martin war neu im kleinen Pfälzer Bergdorf. Und wie das für einen neuen Pastor sich schickt, eines schönen Julimorgens ging er durch den Ort und begann mit diesem und jenem Einwohner ein kleines Gespräch. Droben auf dem Berg arbeitete Johann auf seinem kleinen Hof gerade an einem Leiterwagen, dessen Deichsel gebrochen war. „Wie schaut's aus?“ fragte der Pfarrer kameradschaftlich. „Das krieg ich schon wieder in Ordnung“, lautete die kurze Antwort des Bauern. Um das Gespräch fortzuführen, wies der Pastor auf die stattlichen Kirsch-, Apfel- und Birnbäume hin, die im Garten standen, und meinte: „Was habt ihr kräftige, schöne Bäume. Das wird bestimmt süße Kirschen und wohlschmeckende Äpfel und saftige Birnen geben!“ Johann war ein frommer Mann, der jeden Sonntag pünktlich zur Kirche ging und auch immer das Abendmahl nahm. Deshalb wollte er dem Pfarrer auch nicht einfach dazwischenreden. So kam zögernd seine Antwort: „Wenn Gott will, vielleicht schon! Aber geblüht hat keiner der Bäume!“

Moderne Bauernregeln

Ist der Januar hell und klar,
folgt ihm immer der Februar.

Gibt sich der Februar kühl und still,
kommt nach dem März meist der April.

Wenn im April schon der Himmel besternt,
dann ist der Mai nur noch Tage entfernt.

Bringt uns der Mai viel Liebe und Lust,
spielt schon der Juni im Juli August.

Brennt im August die Sonne hernieder,
winkt schon der September uns wieder.

Was sich auch tut im Septemberverlauf,
Oktober wird's immer, verlaß dich drauf!

Steht im Oktober uns Rauhreif ins Haus,
fällt der November auch diesmal nicht aus.

Ist der Dezember stürmisch und kalt,
glaubt mir, dann kommt das Neujahr bald!

Drei Dutzend Zeugen

Ein Viehhändler hatte einen Bullen von der Weide gestohlen. Ganz heimlich war der Dieb gegen 2 Uhr nachts auf die Koppel gefahren und hatte das Tier weggebracht. Glück für den Besitzer: Ein Förster, der am nahen Waldrand von seinem Hochsitz aus das Wild beobachtete, hatte in der sternenklaren Nacht den Strolch gesehen und mit dem Feldstecher auch die Auto-Nummer erkennen können.

Es kam zur gerichtlichen Auseinandersetzung, in welcher der Dieb keine Chance hatte. Der Förster war ein glaubwürdiger Zeuge. „Bitte betrachten Sie nüchtern Ihre Lage", sagte der Staatsanwalt, als der Viehdieb noch immer seine Tat nicht gestehen wollte, „wenn Sie weiter leugnen, kann sie sich nur verschlimmern." Darauf antwortete der Viehhändler: „Sie haben einen einzigen Zeugen, der meinen angeblichen Diebstahl gesehen haben will. Ich bringe Ihnen drei Dutzend Zeugen, die nichts davon gesehen haben!"

Fünf Mark zuviel!

Ein sächsischer Bauer aus Wiedemar im Anhaltischen pflegte seinem Knecht jeden Samstag in einer kleinen Tüte zehn Reichsmark als Lohn zu überreichen. Eines Sonnabends waren aber fünfzehn Reichsmark in der Tüte, obwohl kein besonderer Anlaß war. Der Knecht nahm das Geld und schwieg. Im Innern freute er sich, daß der Bauer sich so kräftig verrechnet hatte.

Als wieder sieben Tage vergangen waren, fand der Knecht aber nur fünf Reichsmark in seiner Tüte. Da lief er zu seinem Herrn und rief schon von weitem: „Inn der Diede sinn awwer finf Marg zu wenich. Ich grieche doch jede Woche zehne!“ – „Letzde Woche has' de awwer fuffz'n gekriecht und geen Don nich gesachd.“ – „Das schdimmt“, antwortete der Knecht, „ich hawwe geen Don nich gesachd. Eenmal gonnde ich ä Fähler durchgeh'n lassen, awwer zweemal, das zeichd von Liederlichgeid.“

Meine Jagd!

Einen Leserwettbewerb unter dem Motto „Lachende Heimat“ schrieb 1932 die „Deutsche Buchgemeinschaft“ aus. Mit über 4000 Einsendungen kamen viel mehr Antworten als vorhergedacht. Nach viereinhalb Monaten wurde die Ausschreibung beendet, weil die Urheber der Aktion der Flut des Materials nicht mehr Herr wurden. Ein Cuno Heumann aus Bodenwerder beteiligte sich mit folgender reizenden Geschichte:

Es war im Herbst. Die letzten Feldfrüchte wurden geerntet. Die Kartoffeln wurden herausgenommen, bei den größeren Besitzern herausgepflügt und von Knechten und Mägden aufgesucht. Im Kleinbetrieb stach man die

Kartoffeln mit dem Spaten oder der Mistgabel heraus und warf sie dann in den Korb, und von da kamen sie in den Sack. In diese Arbeit teilten sich meistens Mann und Frau, so auch Hein Kück und Gesche Kück aus dem niedersächsischen Orte Hornburg.

Als sie emsig bei der Arbeit waren, kam ein Hase dahergelaufen, verfolgt von Hunden, und in weiterer Entfernung folgte ein Jäger. Gesche Kück sprang und hatte das Glück, daß der Hase gerade unter ihren Rock lief, woher ihn ihr Hein Kück hervorholte, um ihn zu töten und mitzunehmen.

Jetzt kam der Jäger, ein adeliger Gutsherr, und verlangte den Hasen. Dies Ansinnen lehnte Hein Kück ab, worauf der Gutsherr erregt hervorstieß: „Wissen Sie nicht, wer ich bin? Ich bin der Jagdherr, ich bin Herr von der Decken!" Hein Kück erwiderte ganz ruhig: „Ob Se Herr von der Decken oder Herr von't Unnerbett sünd, is mi glik. De Has hürt mi, ünner min Fru ihr'n Rock is mien Jagd."

Der Uhu

Die kleine Geschichte erzählen sich die Leute im Odenwald, in der Pfalz und in der Rhön in verschiedenen Varianten seit Jahrzehnten: In einer Grundstücksangelegenheit mußte ein Bauer in die Kreisstadt zum Landrat. In dessen Arbeitszimmer saß ein großer Papagei in einem Käfig, ein Ara, lebhaft grün, rot, gelb und blau gefärbt. Der Vogel konnte auch sprechen. Zum Beispiel solch' kurze Sätze, die er oft hörte: „Guten Morgen, Herr Landrat!" Oder: „Auf Wiedersehen, Herr Landrat!" Der Bauer war keinesfalls erstaunt und sagte zum Landrat: „Bei mir zu Hause habe ich auch so ein Tier." – „So, das interessiert mich", meinte der. „Wenn Sie das nächste Mal kommen, bringen Sie den Papagei doch mal mit."

Drei Wochen später war der Bauer wieder unten im Tal beim Landrat und trug in der Tat einen Käfig bei sich, in dem ein großer Uhu saß. Der Landrat trat an den Käfig heran und versuchte, das Tier mit allerlei Gerede und Gebärden zum Sprechen zu bringen. Aber der Uhu blinzelte ihn nur an und schwieg. Etwas Enttäuschung klang aus den Worten des Landrats, als er feststellte: „Sprechen tut der aber keine Silbe.“ Darauf der Bauer: „Das stimmt, aber er denkt sich seinen Teil!“

Gefährliches Gerät

Martha, die Frau von Bauer Godromeit aus Topprienen, Kreis Preußisch-Eylau in Ostpreußen, sollte ihr erstes Kind bekommen. Die neun Monate waren vorüber, und als die ersten Wehen einsetzten, holte der Bauer den Arzt. Es war tiefer Winter, und so kam dieser auf Skiern, denn damals, Anfang der zwanziger Jahre, konnten sich auch die Ärzte noch nicht alle ein Auto leisten. Außerdem war die Wintertauglichkeit der Personenwagen gering. An der Pforte angelangt, schnallte der Arzt die Ski ab und nahm sie auf die Schulter. Auf sein Klopfen öffnete Oma Godromeit, die nicht die besten Augen hatte. Als sie den Arzt hereingelassen hatte, stürzte sie in die Küche auf Opa zu und rief entsetzt: „Opichen, wenn jetzt der Herrgott nicht bei unserer Martha ist, dann ist es um sie gescheh’n. Du glaubst nicht, was der Arzt für Instrumente mitgebracht hat!“

Ohne Beruf?

In Versammlungen antworten Ehefrauen von Bauern oft auf die Frage, welchen Beruf sie ausüben, einfach und wahrheitsgemäß: Hausfrau! Manchmal kommt davor auch das fast entschuldigende Wort: Nur ... Eine selbstbewußte Landfrau hat für Hunderttausende von Frauen, die sich der Familie widmen, nachfolgende – ach, so wahre – Verse geschrieben:

Gattin, Hausfrau, Mutter sein,
schließt das nicht alle Berufe ein?
Köchin von allen Lieblingsspeisen
Packer, wenn es geht auf Reisen
Flickfrau, wenn Strümpfe und Hosen zerrissen
Lexikon, das alles soll wissen
Färber von alten Mänteln und Röcken
Finanzgenie, wenn sich der Beutel soll strecken
Chirurg, wenn im Finger ein Dorn zersplittert
Schiedsrichter bei Kämpfen hart und verbittert
Bäcker von Torten, Plätzchen und Kuchen
Detektiv, der alles findet, was andere suchen
Krankenschwester mit Umschlägen und Süppchen
Schneiderin für große und kleine Püppchen
Gärtner, Maler, Tischler, Frisör
Hundert Berufe könnte ich sagen und noch viel mehr von Frauen, die Gott zum Lieben schuf – die Welt aber nennt das: ohne Beruf.

Kein Riesenhaß!

Es war in den fünfziger Jahren. Im Eisenbahnabteil des Zuges von München nach Passau saß ein bayerischer Bauer von altem Schlage. Ihm gegenüber ein Neger, der in gebrochenem Deutsch mit einer jungen Münchnerin sprach. Ein älterer Herr aus einer norddeutschen Kleinstadt, der gegenüber Platz genommen hatte, sah entrüstet zu und flüsterte endlich zu dem Bauern gewandt: „Ist das nicht schlimm! Diese Jugend von heute hat doch überhaupt keinen Stolz mehr!“ Unüberhörbar laut und angriffslustig antwortete ihm der Bayer: „Du Saupreiß, dös is Rassenhaß, dös woll mia fei net. Drüber soan mia schoa lang weg, du Saupreiß, du damischer.“

Malheur

Selterswasser ist nicht jedermanns Sache! An der Mosel, wo viel Wein getrunken wird, gar ein seltenes Getränk! Ein Hamburger saß in einer kleinen Wirtschaft in Bernkastel und bestellte sich, da er noch mit dem Auto weiterfahren mußte, dieses ebenso gesunde wie geschmacklose Getränk. Die Bauern am Nebentisch, die einen Schoppen „Ockfener Bockstein“ tranken, schauten erstaunt von ihrem Glas auf und musterten den Fremden kritisch. Der wurde ob der vielen Blicke etwas nervös, und da geschah es auch schon: Als er die Flasche öffnete, sprudelte das Wasser so kräftig heraus, daß es dem Wiesner-Bauern am Nachbartisch über die Brust spritzte. Der Hamburger entschuldigte sich erschrocken und steif. Doch der Wiesner-Bauer winkte ab: „Es is numme de Rock naß. Ins Maul isch mer jo nix komme.“

Vom Braten rückwärts

Städter und Landleute essen gleichermaßen gern Fleisch. Während viele Bauern Schweine, Hühner oder Enten noch selbst schlachten, kommt das Kotelett oder das Huhn für den Städter zumeist aus der Gefriertruhe des Supermarktes. Und viele Stadtkinder haben das, was sie essen, noch niemals als lebendiges Tier gesehen. Erich Limpach, der Spötter in Versen, sieht dies in seinem Büchlein „Zeiten sind das!" ganz treffend:

Kalbsbraten

Wer wäre mit Genuß beschenkt,
wenn er vom Braten rückwärts denkt?
Dann würde ihm zum Beispiel klar,
daß, was er ißt, ein Kälbchen war,
das kürzlich noch am Wiesenrand
im hellen Licht der Sonne stand.
Doch sowas denkt der Esser nicht –
und darum schmeckt ihm das Gericht.

Junges Ding

Jockel, der Bauer auf dem Lindenhof, war 82 Jahre alt. Schon vier Jahre lag seine Frau Stine auf dem Kirchhof. Mit dem Alleinsein wollte er sich jedoch nicht abfinden und gab eine Annonce auf:

> „Rüstiger Landwirt, 82 Jahre alt, 1,70 cm groß, jünger aussehend, gesellig, noch Autofahrer, Hof verpachtet, sucht reifere Dame ab 75 zwecks Heirat."

Die Familie stand dem Vorhaben des Großvaters mehr als skeptisch gegenüber. Mit 82 noch einmal heiraten?

Und dahinter klang natürlich auch die heimliche Frage: Wer erbt nach dem Tode des Alten?

Als jedoch eine ganz liebenswürdige alte Dame namens Marie-Luise über die Annonce an den Großvater geriet, die ihm neuen Lebensmut zu geben schien, waren alle begeistert und freuten sich auf die angekündigte Hochzeit. Zwei Tage vor der hohen Festlichkeit ließ der alte Jockel jedoch die Vorbereitungen abbrechen und gab bekannt, daß er diese Frau nicht heiraten werde. Alle rätselten: warum? Hatte es ein Zerwürfnis gegeben? Ein Schwiegersohn sagte ihm ins Gesicht: „Eine bessere Frau wirst du nie mehr finden!" – „Das mag sein", ließ der Alte kühl verlauten, „aber jeder Mensch muß seine Prinzipien haben. Ich wollte eine reife Frau ab 75 Jahren, mußte jedoch vor zwei Tagen feststellen, daß Marie-Luise mich belogen hat. Sie ist erst 69! Eine Ehe mit einem so jungen Ding kann doch nicht gutgehen!"

Der fürchterliche Schlag

Es war zu beträchtlich vorgerückter Stunde. Auf der Polizeistation in Hohenlockstedt läutete das Telefon. Der Oberwachtmeister nahm den Hörer ab. Die Stimme eines älteren Mannes aus einem nahen Dorf meldete sich. Aufgeregt fragte er: „Ist dort die Polizei?" – „Jawohl!" – „Hören Sie, man hat mir eben einen fürchterlichen Schlag versetzt!" – „Wo geschah das?" fragte der Ordnungshüter. Mit zittriger Stimme berichtete der Mann: „Als ich den Vorgarten zu meinem Haus durchquerte, völlig ahnungslos, schlägt mir plötzlich jemand mit unerhörter Wucht mit einem schweren Gegenstand vor die Stirn. Ich taumelte zurück, aber besaß noch soviel Geistesgegenwart, sofort auf Umwegen durch die Büsche in meinem

Garten ins Haus zu laufen. Schnell habe ich die Tür abgeriegelt und ein offenes Fenster verschlossen. Es kann jetzt niemand von draußen herein, es sei denn mit Gewalt. Bitte helfen Sie mir!" – Der Polizist notierte sich die Adresse. „Gut", sagte er, „ich schicke sofort jemanden hin!" Ein junger Kollege machte sich mit einem Auto auf den Weg.

Dreißig Minuten dauerte es, da kam er zu seinem Vorgesetzten zurück. Grimm im Gesicht und eine klaffende Wunde auf der Stirn! „Was war denn da los?" fragte der Wachtmeister entsetzt. Die Antwort war eher kleinlaut: „Ich bin auch auf die Harke getreten!"

Die Beichte

Bauernschläue ist ein im Volksmund heute noch viel benutzter Begriff. Es verbinden sich damit Eigenschaften wie pfiffig, listig, findig oder geschäftstüchtig. Nicht nur zwischen Bauern und Städtern, auch innerhalb des eigenen Standes oder innerhalb der bäuerlichen Familie zwischen Frau und Mann haben solche charakterlichen Merkmale ihren Platz und Wert. In seinem Büchlein „Rum aus Jamaika" hat Johannes Tölcke die List einer Bäuerin in lustige Reime gesetzt, was freilich keineswegs heißen soll, daß Seitensprünge zu den typischen Merkmalen bäuerlichen Lebens gehören:

Ein Bauer ging mit seiner Frau
von Kleckersdorf nach Holtenau,
sie waren guten Mutes,
da wards auf einmal finstre Nacht
der Donner rollt, es blitzt und kracht,
das deutet auf nichts Gutes.

Da sprach die Frau: „Ach, lieber Mann,
nun sieh dir mal den Himmel an
und wie die Blitze leuchten.
Und wenn die Welt jetzt untergeht,
dann wollen wir, eh es zu spät,
uns unsre Sünden beichten."

Der Bauer sprach zu seiner Frau:
„Ich nahm sie leider nie genau
die eheliche Treue,
ich habe manche lange Nacht
bei deiner Freundin zugebracht,
und fühl jetzt bittre Reue.
Doch jetzt ist mir das Herz so leicht,
so fang auch du nun an und beicht
dir's von der Seele runter."

Da aber sprach die Bauersfrau:
„Der Himmel wird schon wieder blau,
noch geht die Welt nicht unter."

Der zärtliche Mond

An einer Wurstbude am Rande der Hauptstraße eines kleinen Dorfes bei Schleswig trafen sich fast jeden Abend die Halbwüchsigen, tranken Limonade oder Bier, scherzten und rauften miteinander, tändelten mit dem anderen Geschlecht. Manche kleine Liebe oder Freundschaft war hier schon entstanden.

Vielen Eltern war dieses Treiben ein Dorn im Auge. Lieber hätten sie gesehen, wenn ihre Kinder am Schreibtisch zu Hause, bei der Freiwilligen Feuerwehr, im Kirchenchor oder im Sportverein einer sinnvollen Beschäftigung nachgegangen wären. So auch Bauer Böhlmann, dessen Tochter Anneliese auch zu diesen jungen Leuten gehörte. An einem Winterabend wollte das Mädchen wieder losziehen, da argwöhnte der Bauer: „Was willst du denn jetzt draußen. Zu Hause ist es so gemütlich und du treibst dich in der Kälte herum!" – „Weißt du, Vater, heute ist ein so schöner klarer Abend, und da möchte ich mir den Mond ein bißchen ansehen", entgegnete sie schnell. – „Na gut", gab sich der Vater geschlagen, „aber wenn dich der Mond bis an die Tür bringt, brauchst du dich diesmal nicht von ihm küssen zu lassen."

Kalte Hände

Diese Geschichte erzählen sich junge Bullen gern auf der Weide: Zwei Kühe fressen genüßlich saftiges, fettes Gras. Plötzlich beginnt die eine wie Espenlaub zu zittern. Besorgt fragt die andere: „Sag mal, was ist denn in dich gefahren?" – „Schau doch, da kommt schon wieder der Ersatzmelker, der so kalte Hände hat."

Acht tote Kaiser

Bauer Degenblink aus Rheinhausen kam eines Donnerstagnachmittags zum ersten Male mit einer Omnibusfahrt des Bauernverbandes nach Speyer. Dort sah sich die Gruppe auch den Dom an, den Dom, in dem acht Kaiser begraben liegen: Konrad II., Heinrich III., Heinrich IV.,

Heinrich V., Philipp von Schwaben, Rudolf von Habsburg, Adolf von Nassau und Albrecht von Österreich. Viel Trubel war rund um den Dom, während die Stadt ziemlich ausgestorben wirkte.

Abends saß Degenblink wieder im Krug in Rheinhausen in vertrauter Umgebung. Wie es denn so in Speyer gewesen sei, wollten alle wissen. „Ach", sagte er nachdenklich, „wenn die dort in Speyer nicht acht tote Kaiser hätten, wäre überhaupt kein Leben in der Stadt."

Älter werden

Die jahrzehntelange, schwere Arbeit hatte Bauer Jürgensen nicht nur tief gebeugt, sondern sein Gesicht war mit siebzig so faltig und runzelig, daß die Buben sich manchmal hinter seinem Rücken auf der Straße über ihn lustig machten. Freilich, das wußte jeder in dem kleinen Schleswiger Dorf, ganz unschuldig war der Bauer an seinem Zustand nicht. Von Jugend an, so wußten die Alten zu erzählen, hatte er gern tief ins Glas geschaut, und viel und üppig essen war eine seiner wichtigsten Beschäftigungen gewesen.

Eines Tages, als seine verschiedenen Zipperlein sich einmal wieder besonders stark bemerkbar machten, ließ er sich zum Arzt bringen und klagte dort über seinen Zustand. Ein bißchen auch darüber, daß die Medikamente nicht geholfen hätten, die ihm beim letzten Besuch verschrieben worden seien. „Mein lieber Jürgensen", klopfte der Arzt dem Bauern auf die Schulter, „die Medikamente allein machen es nicht. Sie müssen weniger rauchen, weniger trinken und weniger essen. Und außerdem sind Sie schon siebzig Jahre alt. Jünger machen kann ich Sie beim besten Willen nicht!“ – „Jünger wern will ick doch ok gor nich“, entgegnete der Bauer, „man blot ’n beten oller.“

Von der „guten alten Zeit“

Städter schwärmen gern von der „guten alten Zeit“. Auf dem Lande, wo über viele Jahrhunderte körperliche Schwerstarbeit den Lebensrhythmus bestimmte, wo die Wohnbedingungen oft mehr als karg waren, wird der große Fortschritt in den Lebensverhältnissen und die Vielzahl der technischen Erleichterungen des Haushalts oft mehr geschätzt. Eine holsteinische Landfrau faßte ihre Meinung zur „guten alten Zeit“ in diese Verse:

Man hört oft von ergrauten Greisen
die gern die alten Zeiten preisen.
Doch wer von uns wär’ noch bereit,
zu tauschen mit der guten alten Zeit?

Was hatten früher denn die Leute?
Das woll’n wir mal betrachten heute:
Nicht Leicht-, sondern Schwerstarbeit,
in der guten alten Zeit.

Es gab auch keine Urlaubstage.
Wie alles schaffen?, hieß die Frage.
Beten und arbeiten hieß das Geleit
in der guten alten Zeit.

Es gab auch kein elektrisch Licht,
gab Radio und Fernseh’n nicht.
Im Bett, da schlief man oft zu zweit
in der guten alten Zeit.

Im Bett lag man auf Haferstroh.
Ein Lieblingsort auch für den Floh!
Der nutzte die Gelegenheit
in der guten alten Zeit.

Im Haus war selten ein Klosett,
da stand der Pott noch unterm Bett,
für alle Fälle griffbereit
in der guten alten Zeit.

Die Zähne zogen die Barbiere!
Da brüllten Menschen oft wie Stiere!
Die Spritze, die vom Schmerz befreit,
gab's nicht in der guten alten Zeit.

Fehlten Zähne in großer Zahl,
das Essen wurde dann zur Qual.
Kein Zahnersatz stand dann bereit
in der guten alten Zeit.

Das Geld, das war sehr karg bemessen,
oft reichte es nur grad' für's Essen!
Bestimmend war die Ärmlichkeit
in der guten alten Zeit.

Nur eines muß man eingesteh'n:
Man konnt' noch auf der Straße geh'n
in Ruhe und Zufriedenheit
in der guten alten Zeit!

Die Schusterpalme

In Vechta, in einem Blumenladen, soll es sich abgespielt haben: Ein Bauer kam herein und fragte nach einer ganz speziellen Pflanze: „Ich brauche eine Schusterpalme", erklärte er, „etwa 70 cm hoch, über dem Topf sollte ein hellblauer Porzellanübertopf sein. Und sie sollte acht Blätter haben." – „Das tut mir sehr leid", schüttelte die Verkäuferin den Kopf, „blaue Übertöpfe haben wir nicht. Und die Schusterpalme, die ich Ihnen noch anbieten kann, hat zwölf Blätter!" – „Die sieht zwar schön aus", antwortete der Bauer, ohne hinzuschauen, bestimmt, „aber ich brauche eine mit acht Blättern!" – „Gibt es dafür einen besonderen Grund? Wird Ihre Tochter vielleicht acht Jahre alt?" – „Nein! Meine Frau ist das erste Mal im Leben zur Kur. Und sie hat mir eingeschärft, gerade die Schusterpalme, ihre Lieblingspflanze, jeden Tag zu gießen. Just als ich mit dem teuren Stück heute zum Wasserhahn ging, weil ich die Blumenkanne nicht fand, ist sie mir heruntergefallen." – „Tut mir leid, daß ich Ihnen nicht helfen kann!" – „Doch, Sie können mir helfen. Den Topf besorge ich selbst im Kaufhaus. Die Schusterpalme, die specken wir gemeinsam ab." Schnell holte er ein Taschenmesser aus seinem Rucksack und bald hatte die Schusterpalme nur noch acht Blätter! ...

Vier Tage später: die Bauersfrau war wieder zu Hause und betrachtete ihre Blumen. „Ich verstehe das nicht", sagte sie zu ihrem Manne. „An unserer Schusterpalme waren seit drei Monaten acht Blätter. Zwei kleine und sechs große. Jetzt sind es auch noch acht, aber zwei große und sechs kleine. Sag mal, hast du etwa das Gießen vergessen?"

Prüfend angesehen

Zwei Bauern lagen im Streit um eine Zuchtsau, die der eine dem anderen verkauft hatte. Die Sau hatte weit unter dem Durchschnitt geworfen. Und die Ferkel waren wenig robust, so daß die Hälfte innerhalb von wenigen Tagen das Zeitliche gesegnet hatte. Vor Gericht beharkten sich beide ordentlich: „Was kann ich dafür, daß der Zillich-Bauer nicht mit Zuchtsauen umgehen kann? Bei mir hat sie überdurchschnittlich geworfen und immer gesunde Ferkel!" – „Ich züchte Schweine schon seit der Zeit, als du noch nicht mal auf der Welt warst. Aber die Sau, die du mir verkauft hast, ist höchstens noch für Wurst zu gebrauchen!" – Der Richter versuchte zu schlichten. „Also beginnen wir noch einmal von vorn: Sie haben die Sau gekauft wie besehen. Nach dem ersten enttäuschenden Wurf sind Sie zu dem Verkäufer gegangen und haben ihn ein Rindvieh genannt, das betrügt. Haben Sie den Ausdruck Rindvieh in einem Zustand äußerster Erregung gebraucht?" – Der Befragte schien nachzudenken. Schließlich antwortete er: „Nein, das glaube ich nicht. Ich habe ihn vorher erst lange und prüfend angesehen!"

Bäuerlicher Skat

„Wer gibt denn jetzt?" –

„Immer der, der blöd fragt!" –

„In Berlin hat sich einer mal blutige Stummel an die Finger gemischt!" –

„Da hast du dir aber was zusammengegeben!" –

„Achtzehn!" –

„Passe." –

„Penne nicht! Du bist dran!" –

„Zwanzig!“ –

„Passe!“ –

„Habe ich mir doch gedacht, geht die Mauerei schon wieder los! Na gut. Spielen wir Karo war ein Hühnerhund und der Hund war kunterbunt!“ –

„Karo? Das wird billig. Billig mit Millich, so still ich!“ –

„Na kommt schon her mit den Stichen! Immer schön abliefern! Und noch einer! Und noch einer! Raus damit, sagt der Zahnarzt.“ –

„Habe ich mir doch gedacht, daß du die Herz-Zehn noch hast! Und jetzt geht's weiter mit Pikus dem Waldspecht!“ –

„Was tun, sprach Zeus, die Götter sind besoffen!“ –

„Kein Herz auf der Hand? Selber schuld. Herzlich tut's mich verlangen nach eurem lieben Geld!“ –

„Wie konntest du denn jetzt die Pik-Sieben bringen. Du hast doch einen an der Pfanne!“ –

„Sowas lebt, und Goethe mußte sterben!“ –

„Ja, ich weiß, dieses Jahr klagen sowieso alle Skatspieler, nur ich nicht! Und nun her mit der Pik-Zehn!“ –

„Wie gut, daß wir nicht contra gesagt haben.“ –

„Ja, du dummer Hund hättest das beinahe fertig gebracht!“ –

„So und nun Kreuz-As und ihr seid alle!“ –

„Schneider, so'n Mist!“ –

„Soviel Schwein kann nur einer haben, der zu Hause nichts zu sagen hat!“ –

„So und nun her mit den Kröten. Paarweise zur Kasse und abgeladen!“ –

„Hätte ich noch das Kreuz-As gehabt ...“ –

„Ja ich weiß, wenn der Hund nicht ... dann hätte er den Hasen ...“ –

„Herr Ober! Drei Bier und drei Korn. Darauf müssen wir einen nehmen!“ –

„Wer gibt denn jetzt?“ ...

Der abgebrannte Kuhstall

Angefangen hatte das ganze mit einem Ereignis, das nicht zu den seltensten gehört: Irgendwo in Norddeutschland brannte ein Kuhstall ab. Und wie der Zufall wollte, der Nachbar des Betroffenen hatte einen leeren Stall, der die obdachlos gewordenen Tiere hätte aufnehmen können. Doch mit dem leeren Stall hatte es eine besondere Bewandtnis: er stand unter höchster EG-Aufsicht, weil der Landwirt kurze Zeit vorher die „Prämienregelung für die Nichtvermarktung von Milch- und Milcherzeugnissen und die Umstellung der Milchkuhbestände“ (Verordnung der EG Nr. 1078/77) in Anspruch genommen hatte.

Der Tag des Brandes: der 12. Dezember! Als korrekter Landwirt fragte der Geschädigte bei der Kreisstelle der Landwirtschaftskammer an, ob er bitte seine Tiere beim Nachbarn unterstellen dürfe. Doch dort traute man sich eine so bedeutende Entscheidung nicht zu und gab das Problem an die Bezirksregierung zur Bearbeitung weiter. Doch auch hier wußte man, daß mit den Umstellungshilfen aus dem Brüsseler Agrarfonds und den damit verbundenen Auflagen nicht zu spaßen ist. Deshalb wurde der Vorgang dem Landesministerium zugewiesen.

Das nahm sich unverzüglich des Problems an! Nicht etwa, daß dort eine Entscheidung gefällt wurde, nein, ein Telegramm wurde an das Bundeslandwirtschaftsministerium geschickt, ob denn die Kühe des Bauern A, weil sein Stall abgebrannt ... Nun, Sie wissen schon! Und siehe da, auch dort reagierten die Verantwortlichen schnell: Eilanfrage nach Brüssel, ob denn die Kühe des Bauern A, weil sein Stall abgebrannt ...

Und dort, welch ein Wunder, entschieden die Zuständigen ohne Einberufung einer Sonderkonferenz – für den bedrängten Bauern sofort: Jawohl, er dürfe die Kühe beim Nachbarn unterstellen, aber nicht einfach so, sondern nur, wenn berücksichtigt werde:

1. Das unter der Verordnung des Jahres 1977 stehende Ge-

bäude des Bauern B dürfe nur von den Kühen des Bauern A (Brandgeschädigter) benutzt werden.
2. Die Zahl, die Kennzeichen (Ohrmarken), das Alter, das Geschlecht, die Nutzungsart der eingestellten Tiere müßten der Bezirksregierung gemeldet werden, einschließlich der bis zum Ablauf der Unterstellung sich ergebenden Änderungen.
3. Die Nutzung des Stalles durch milchgebendes Vieh werde beschränkt bis spätestens zum 30. September des folgenden Jahres. Die Beendigung der Sondernutzung müsse unverzüglich gemeldet werden.
4. Es dürfe für die Einstellung der Kühe kein Gewinn für den Bauern B entstehen. Dieser müsse im übrigen die Auflagen 1 bis 4 schriftlich anerkennen.
5. Für den Zeitraum der Unterbringung der Tiere des Geschädigten auf dem Betrieb des Bauern B (also des Prämienempfängers) werde der Nichtvermarktungszeitraum ausgesetzt, d.h. verlängert.

Diese Entscheidung nahm nun wieder ihren zügigen Weg: Brüssel an Bundeslandwirtschaftsministerium, Bundeslandwirtschaftsministerium an Ministerium nach Hannover, Hannover an die Bezirksregierung, Bezirksregierung an Kreisstelle, Kreisstelle an den geschädigten Bauern A.

Und – kaum zu glauben – schon am 28. Dezember hatte dieser seine schriftliche Entscheidung in den Händen. Und wenn nicht Weihnachten dazwischen gelegen hätte, so wäre es wahrscheinlich noch schneller gegangen! Da ging der Bauer A zum Bauern B, wo natürlich schon seit 14 Tagen nach Aufbrechung der Stallplombe die Kühe warm und trocken standen. Und beide freuten sich über die entscheidungsfreudigen Behörden.

Nachwort:
Alle Bundesregierungen seit Gründung der Europäischen Gemeinschaft drängen auf die industrielle Integration nach dem Vorbild der Landwirtschaft. Bisher ohne Erfolg! Vielleicht liegt eine Ursache darin: In der Firma X brennt ein Schuppen ab, aber die vielen Lampenschirme

darin können gerettet werden. Die Firma Y nebenan hat einen Schuppen frei, doch dieser steht unter höchster EG-Aufsicht, weil die Firma Y soeben die Prämienregelung für die Nichtvermarktung von Vierkanthölzern ...

Freie Auswahl

So manche „Wohn-Kommune" oder „alternative Lebensgemeinschaft" ist schon in den siebziger Jahren auf das Land gezogen, hat sich einen kleinen Resthof gemietet und mehr oder weniger erfolgreich landwirtschaftlich betätigt. Was dabei herauskam, ist höchst unterschiedlich. Viele erzeugen gerade soviel, wie sie selbst verbrauchen. Andere vermarkten Ziegenkäse, Honig, selbstgebackenes Vollkornbrot oder Fliederbeersaft aus eigener Herstellung auf Wochenmärkten oder an Körnerläden und verdienen dabei nicht schlecht.

Die einheimischen Bauern schauen zumeist mit Skepsis und Ablehnung auf diese „Alternativen", die sich schon äußerlich oft durch lässige Kleidung, lange Haare und unbürgerliche Gewohnheiten von ihnen unterscheiden. Im Kreis Lüchow-Dannenberg, wo infolge der Planung einer Atommüll-Endlagerung besonders viele „Alternative" siedelten, erzählen sich die Bauern noch jetzt folgende Anekdote: Auf dem Standesamt in Lüchow wollte eine „alternative" Mutter die Geburt eines Kindes anmelden. „Männlich oder weiblich?" lautete die Frage des Standesbeamten. „Ach, wissen Sie, das soll das Kind später mal selbst entscheiden."

Happy Birthday

Ein Bankangestellter aus Frankfurt saß irgendwo in der Nähe von Leer in Ostfriesland mit einem einheimischen Bauern zusammen. Der Wirt des Gasthauses „Zum alten Deich“ brachte dem Frankfurter ein Pils, der Bauer hielt sich an einen steifen Rum-Grog. In die „Frankfurter Allgemeine Zeitung“ vertiefte sich der eine, der andere sog genüßlich an seiner Pfeife.

Um ein Gespräch in Gang zu setzen, erzählte nach einiger Zeit des Schweigens der Frankfurter seinem Gegenüber einen Ostfriesenwitz: „Eine Kolonne Ostfriesen arbeitet an der Straße, und der erste ruft ständig: ‚Grün nach oben!‘, ‚Grün nach oben!‘ Raten Sie mal, was die machen?“ – Der Bauer zog erneut einen tiefen Zug aus der Pfeife, schaute listig, aber schwieg. „Ich will es Ihnen sagen“, lachte der Witzerzähler: „Bäume pflanzen!“

Da nahm der Alte seine Pfeife aus dem Mund und fragte unversehens: „Kennen Sie das Lied ‚happy birthday to you‘?“ – „Ja natürlich, das wird bei uns auch gesungen!“ – „Wieviel mal kommt denn darin der Buchstabe ‚l‘ vor?“ – „Überhaupt nicht!“ – „Ich sage, so fünfzehn- bis zwanzigmal!“ – „Das ist doch Unsinn!“ – „Na dann hören Sie mal gut zu!“ Und der Alte sang genau in der richtigen Melodie: „Lala la la lala, lala la la lala …“

Die unsoziale Baustelle

Am Rande des Dorfes in Dithmarschen wurde die Autobahn Heide–Husum verlegt. Dazu waren auch, um die Felder leicht zugänglich zu halten, eine Reihe von Brükken für Wirtschaftswege nötig. An einer solchen Baugrube östlich von Heide wurde das Erdreich von einem ge-

waltigen Bagger ausgehoben. Bauer Fiete Petersen schaute zu Mittag einmal für ein halbes Stündchen zu, wie das Schaufelgerät immer tiefer ins Erdreich drang. Zwei Arbeiter der Baustelle gesellten sich zu ihm und fingen an zu politisieren: „Das ist doch die unsoziale Technik, die die Arbeitsplätze kaputt macht!“, meinte der eine. Und der andere schlug in die gleiche Kerbe: „Wenn diese Arbeit nicht vom Bagger gemacht würde, dann könnten hier fünfzig oder sechzig Menschen beschäftigt werden!“ Da nahm der Bauer Petersen seinen Zigarrenstummel aus dem Mund und fiel in das Klagen ein: „Jo, jo, recht hebbt jie. Wenn dat Lock mit lütt Kaffeelöpeln utkratzt wür, denn kunnen hier dusend Lüd Arbed kregen!“

Extras

Sehr geärgert hatte sich ein Bauer beim Kauf eines neuen Autos.
Die Rechnung sah wie folgt aus:
Grundpreis 14 800,– DM
Doppelscheinwerfer 400,– DM
Veloursitze 320,– DM
Heckscheibenwischer 110,– DM
Schiebedach 680,– DM
Zweiklanghorn 80,– DM
Felgenschlösser 40,– DM
Metallic-Lackierung 900,– DM
Zeituhr 100,– DM
Radio mit zwei Lautsprechern 680,– DM
Anhängerkupplung 600,– DM
Handschuhfach abschließbar 60,– DM
ABS-Bremssystem 2400,– DM
Endpreis 21 170,– DM

Wie das Schicksal so will, der Autoverkäufer bewirtschaftete zusammen mit seinem Bruder auch einen Hof von rund 60 ha. Und so kam es, daß er bei dem Bauern, der gute Zuchttiere verkaufte, eine Kuh orderte.
Auf der Rechnung stand:
Kuh (Grundpreis) 1400,– DM
echtes Rindsleder 200,– DM
zwei stabile Hörner 100,– DM
vier Zapfventile 300,– DM
Fliegenwedel (automatisch) 200,– DM
Düngevorrichtung 150,– DM
zweifarbig (schwarz/weiß) 200,– DM
Kuh/Endpreis 2550,– DM

„Verständliche" Verordnung

Nicht nur die Brüsseler Bürokratie erfand Verordnungen in einer Sprache, die der praktische Landwirt kaum verstehen kann. Auch im Deutschen Bundestag entstanden solche Sprachmonster. So z.B. am 21. 1. 1986: Verordnung über den Verkehr mit Saatgut landwirtschaftlicher Arten und von Gemüsearten (Saatgutverordnung). Dort ist zu lesen: Auf Grund § 1 Abs. 2 Satz 1 und 3, des § 5 Abs. 1 Nr. 1 Buchstabe a und b, Nr. 5 und 6, des § 9 Abs. 1 des § 11 Abs. 1, des § 12 Abs. 5, des § 13 Abs. 1 Satz 2, des § 22 Abs. 1 und 2 und der §§ 25, 26 und 61 des Saatgutverkehrsgesetzes vom 20. August 1985 (BGBI. I S. 1633) wird mit Zustimmung des Bundesrates verordnet: Anlage 2 zu § 6 Satz 1 Nr. 2.2.3: „Ein Feldbestand zur Erzeugung von zertifiziertem Saatgut, in dem der väterliche Elternteil die männliche Fruchtbarkeit des männlich sterilen mütterlichen Elternteils nicht wiederherstellt, muß in einem der Sorte entsprechenden Verhältnis auch männlich fruchtbare Pflanzen des mütterlichen Elternteils enthalten; dies gilt nicht, wenn sichergestellt ist, daß nach der Ernte Saatgut des männlichen und sterilen fruchtbaren mütterlichen Elternteils in einem der Sorte entsprechenden Verhältnis gemischt wird."

Mehr Beamte!

Kein „neumodischer Krams" ist vielen Bauern eine solche Last wie die moderne Buchführung. Und dann die Statistiken und Steuer-Erklärungen dazu! Tausend Fragen! Zum Teil in einem schlecht verständlichen Beamtendeutsch gestellt! So war der Saal denn auch brechend voll, als der Kreisbauernverband in einer niedersächsischen Kleinstadt bei Hannover zu einem Vortrag über „Verwaltungsvereinfachung und Entbürokratisierung" eingeladen hatte. Und der Redner legte los: „... Verwaltungsaufwand halbieren! ... Statistiken abschaffen! ... Fragebögen übersichtlicher gestalten! ... Steuern vereinfachen! ... Bagatellsteuern abschaffen!"

Hinterher gab es langanhaltenden Beifall. In der Diskussion meldete sich zuerst ein ergrauter alter Landwirt zu Wort und sagte bedächtig: „Das ist ja alles richtig, was Sie da sagen. Und hier ist bestimmt keiner im Saal, der Ihnen nicht zustimmt. Aber zum Abbau der Bürokratie müssen doch noch mehr Beamte eingestellt werden. Und wir haben aus meiner Sicht jetzt schon zu viele!"

32 Hasen

Daß Bauern oft zugleich leidenschaftliche Jäger sind, weiß ein jeder. Der Tannenbauer in einem Dorf über Freiburg gehörte zu jenen in der jagenden Zunft, die – je tiefer sie ins Glas geschaut haben – umso tollere Jagderlebnisse erzählen. Als er abends mit seinem Sohn und vier weiteren Freunden vom örtlichen Jagdverein zusammensaß, schwärmte er von der Hasenjagd 1932: „Ich allein habe in neunzig Minuten 32 Hasen zur Strecke gebracht!" – „Als du mir die Geschichte in meiner Jugend erzählt hast", wandte der Sohn ein, „waren es aber nur 22 gewesen." – „Ja, das stimmt", entgegnete der Alte ungerührt: „Damals warst du auch noch für die ganze Wahrheit zu jung!"

Die Brücke

Viele Wildbäche gibt es in der Steiermark. Im Frühjahr, wenn die Schneeschmelze einsetzt, wachsen sie oft zu breiten Strömen und reißen manche Brücke mit ins Tal, die nicht ganz stabil gebaut und verankert ist. In einem Dörfchen bei Admont am Fuß des Gesäuses wurde die untere Holzbrücke, die beide Dorfhälften verband, im März von den Wassermassen weggerissen. Nur zwei kleine Rampen blieben stehen. Der Dorfpolizist fertigte eine Meldung, um alle Familien im Dorf zu unterrichten! Am folgenden Sonntag war sie an der Anschlagtafel vor der Kirche zu lesen:

Bekanntmachung

Das Betreten der Holzbrücke unten an der Mühle ist ab sofort verboten, weil sie nicht mehr da ist.

Heitmann
Polizeiinspektor

Die Wildsau

Mal ein Wildschwein zu schießen ist der Traum vieler Jäger. Zwei Bauern aus dem Sauerland hatten in einer Anzeige gelesen, daß in Jugoslawien sowas möglich sei. So meldeten sie sich zu einer Jagdtour in die Wälder Sloweniens an. Und in der Tat: Der eine erwischte am letzten Jagdtag einen kräftigen Keiler. Nachdem einige Geldscheine den Besitzer gewechselt hatten, waren sie sich mit der einheimischen Jagdaufsicht einig, das Tier mitnehmen zu dürfen. „Wie bringen wir den Kaventsmann nur über die Grenze?" überlegte der eine Bauer laut vor sich hin. „Am besten ist", meinte der andere, „wir ziehen ihm meine grüne Jagdjacke an, setzen ihm meinen Hut auf und lehnen ihn so auf den Rücksitz, als würde er schlafen." Gesagt, getan!

Als sie den Zollpunkt an der jugoslawischen Grenze erreichten, hatten sie Glück und wurden von einem müden Uniformierten vorbeigewunken. Auch auf österreichischer Seite schienen die Zöllner nicht ihren fleißigsten Tag zu haben. Einer ließ sich den Kofferraum öffnen. Der andere schaute kurz in die Papiere. Und schon durften sie passieren. Als der grüne Mercedes-Diesel ins Steiermärkische hineinfuhr, meinte der eine Zöllner zum anderen: „Hast du den Fettwanst hinten im Auto gesehen? Sah aus wie eine Wildsau. Was heute so alles im Mercedes fährt!"

Durst

Einen guten Schluck aus dem eigenen Keller verachten auch viele Weinbauern nicht. In der Gegend von Tübingen im Schwabenland ist es seit langem Brauch, daß nach einer guten Lese die Bauern sich ein Fäßchen Wein ans

Grenze

Bett stellen, um – wann immer sie nicht schlafen können oder aufwachen – einen Becher des köstlichen Rebensaftes zu genießen. Zwischen zwei Eheleuten – in vielen Abwandlungen im Schwäbischen erzählt – soll es deshalb einmal folgendes Gespräch gegeben haben:

Weinbauer: „Wenn i Durscht krieg, weckst mi?"

Frau: „Wann hascht denn Durscht?"

Weinbauer: „Wennst mich uffweckst!"

Alkohol

Schulunterricht in einer Dorfschule! Der Lehrer bemühte sich, den Kindern die Probleme des Alkohols beizubringen. Wie es so bei guten Schulmeistern ist, begann er mit der Wortherkunft: „Al kohol", so erklärte er, „heißt auf arabisch ‚das Feinste'." Im Arabischen sei es auch für Augenpuder und Wimperntusche in Gebrauch. Seit dem 17. Jahrhundert werde Branntwein in Deutschland so benannt. Dann kam er auf die Folgen des Alkoholgenusses zu sprechen: „Wenn Menschen sich dem Alkohol ergeben, kann eine Sucht entstehen, von der sich die Betroffenen nur ganz schwer befreien können. In schweren Fällen dieser Sucht zerstört der Alkohol Körper und Geist!" Nachdem der Lehrer noch Einzelheiten erläutert und Beispiele gebracht hatte, begann er mit dem Abfragen: „Wofür ist der Alkohol besonders schädlich?" Ein Mädchen meldet sich: „Für den Körper!" – „Und wofür noch?" Das Mädchen druckst. „Was greift der Alkohol noch an?" Die Kleine zögert. Der Lehrer hilft nach. „Was verwirrt der Alkohol denn besonders?" Da kam die Antwort: „Die Geistlichkeit."

Aufklärung

Die sexuelle Aufklärung ist auch in unserer Zeit, in der Nacktheit und Intimität buchstäblich jeden Tag neu in Fernsehen und Presse ans Licht gezogen werden, für viele Familien noch ein Problem. Auf dem Lande allerdings weniger als in der Stadt, wo die Kinder keine Tiere beobachten können.

Tante Rosamunde aus Bremen war ins Ammerland auf den Hof eines Verwandten gefahren. Man unterhielt sich über dies und das. „Dein Kind ist jetzt schon vierzehn", meinte Rosamunde zu ihrem Neffen: „Hast du den Karl schon aufgeklärt?" – „Ach was, der klärt sich schon selber auf!" – „Wo denkst du hin? Weißt du nicht, welchen Schaden du in einem Kinde anrichten kannst, wenn du es nicht aufklärst? Du solltest das am besten am Beispiel der Bienen versuchen. Mit der Bestäubung und so! Das ist nicht so direkt!"

Zwei Tage später ging Karl mit seinem Vater übers Feld. An einem dichtbewachsenen Knick blieben beide stehen. „Kannst du dich noch erinnern, wie wir letzten Sommer hier das Liebespaar gesehen haben?" fragte der Vater. – „O ja, das war vielleicht toll!" – „Weißt du, so ähnlich machen es auch die Bienen!"

Begegnung bei Ilmenau

Ein Bauer und ein Urlauber trafen sich auf einem Waldweg in Thüringen. „Guden Dach", grüßte der Fremde. „Moorchn", entgegnete der Bauer. – „Dort hinder dem Hüchel, wohn' Sie da?" – „Nadierlich, das is' mein Hof!" – „Wieviel Gühe hamm'se denn druff?" – „Fünfunddreisisch Schdigg!" – „Roochen die manchmal ooch?" –

„Wie genn Se denn so'n Quaddsch red'n?“ – „Na da werd'sch awwer schnell heem gehn. Ich glowe, Ihr Guhschdall brennt!“

Der Drei-Uhr-Zug

In der Nähe einer Eisenbahnhaltestelle in der Lüneburger Heide! Auf einem Feldweg spazierte eine Urlaubergruppe in etwa 500 Meter Entfernung. Sie wollte mit dem Drei-Uhr-Zug fahren und die Zeit drängte. Zwischen der Bahnstation und den Leuten war eine breite, kleebewachsene Wiese, auf der einige Bullen wiederkäuten. Ein Bauer, offensichtlich der Besitzer, stand am Zaun und reparierte den elektrischen Draht. „Dürfen wir über Ihre Wiese laufen, damit wir den Drei-Uhr-Zug noch kriegen?“ fragte einer aus der Gruppe. „Das kann ich Ihnen nicht raten“, antwortete der Bauer, „aber wenn Sie es versuchen, bekommen Sie bestimmt sogar noch den Zwei-Uhr-Zug!“

Zigarren

Bauer Renzenbrinck aus dem Celler Land mochte gern eine gute Zigarre. Als er wieder einmal nach Hannover zur Landwirtschaftskammer mußte, ging er dort in ein feines Geschäft, um sich eine Kiste auszusuchen. Der Verkäufer bot ihm die Marke „Rauchers-Lust“ an: „Gute, ausgereifte ausländische Tabake und nur fünfunddreißig Pfennig pro Stück.“ – „Darf ich mal eine probieren?“ – „Selbstverständlich, ich zünde Ihnen eine an!“ Renzenbrinck machte einen tiefen Zug. „O Gott“, rief er danach entsetzt aus, „die schmeckt ja wie Bahndamm Südseite!“ – „Nun, mit einer guten Brasil kann sie natürlich nicht mithalten“, räumte der Verkäufer ein. „Aber die Hersteller haben sich etwas einfallen lassen. Wer hundert Banderolen einsendet, bekommt eine Mundharmonika geschenkt.“ – „Wer davon auch nur fünfzig raucht“, entgegnete der Bauer trokken, „braucht keine Mundharmonika mehr, sondern eine Harfe.“ Sprach's, und verließ mit einem kühlen Lächeln den Laden!

Auftragsmangel

In einem Schwarzwalddörfchen bei Waldkirch wollte sich ein Urlauber ein Zimmer auf einem Bauernhof nehmen. Er klopfte an der Tür eines alten Schwarzwaldhauses, an dem ein Schild „Zimmer zu vermieten“ hing. Eine gutmütig aussehende, betagte Bauersfrau öffnete ihm. „Guten Tag, ich möchte gern bei Ihnen wohnen!“ – „Wir haben nur noch ein Zimmer frei. Wenn Ihnen das gefällt?“ Da der Raum gen Süden lag und die Sonne direkt hineinschien, willigte der Urlauber sofort ein. „Gibt es auch ein gutes Frühstück?“ wollte er weiter wissen. „Jeden Tag mit Schwarzwälder Schinken und Ei“, antwortete die Frau. „Und ist das Klima hier im Ort wirklich so gesund, wie es im Prospekt beschrieben war?“ – „Noch gesünder als da drin steht! In den letzten fünf Jahren ist bei uns im Dorf nur ein Mensch gestorben!“ – „So, wer war das denn?“ – „Der Sargtischler, der ist wegen Auftragsmangels verhungert.“

Gespräch zwischen zwei Bauern

„Hast du deine achtzig Milchkühe noch?“ –

„Nein, ich habe mit den Kühen Schluß gemacht und eine Schweinezucht angefangen.“ –

„Lohnt sich denn das?“ –

„Das muß sich erst noch zeigen. Anfangs wollte überhaupt nichts gelingen.“ –

„Warum denn nicht?“ –

„Der Eber war so flau. Wie ausgewechselt war er aber, als der Tierarzt ihm eine Flasche mit braunem Saft eingeflößt hatte. Seitdem läuft der Laden!“ –

„Wie hieß denn das Zeug?“ –

„Ich weiß nicht mehr genau. Aber schmecken tat’s ganz stark nach Anis!“

Auf dem Wochenmarkt

Bunt wogte das Wochenmarkttreiben auf dem Exerzierplatz in Kiel. Einige Dutzend Stände boten alles, was das Herz einer Hausfrau höher schlagen läßt: saftige Katenrauchschinken, frischen Käse, Fische aus Ost- und Nordsee, knuspriges Brot, appetitlichen Kuchen, Gemüse von Blumenkohl über Kohlrabi bis zu Erbsen und Bohnen, Früchte aus aller Herren Länder. Ein Bauer aus Felde stand am Rande des Marktes an einem Holztisch und verkaufte selbstangebaute Kartoffeln. Eine Kundin mit einem großen Einkaufsnetz trat zu ihm hin und fragte: „Sind das deutsche oder italienische Kartoffeln?“ Der Landwirt schaute sie verschmitzt an und fragte zurück: „Essen Sie die Kartoffeln oder wollen Sie sich mit ihnen unterhalten?“

Aus dem „Hohlspiegel"

Der „Hohlspiegel" gehört zu jenen Rubriken des Magazins „Der Spiegel", die mit am meisten gelesen werden. Skurriles, Amüsantes, Seltsames oder zum Schmunzeln Anregendes ist hier seit Jahrzehnten in bunter Folge gesammelt. Was in den sechziger Jahren so alles aus dem Felde der Landwirtschaft in dieser Sparte vermerkt war? Hier sind einige Beispiele:

Das Informationsblatt des französischen Landwirtschaftsministeriums gab den Hinweis: „Wenn man bei der künstlichen Befruchtung von Schweinen das Grunzen eines Ebers vom Tonband ablaufen läßt, erhöhen sich die Befruchtungschancen um 50 bis 75 Prozent."

*

Der Gemeinderat des dänischen Dorfes Thorsager drohte der Einwohnerschaft, er werde allen Haushaltungen den Strom sperren, falls die Beteiligung an den bevorstehenden Gemeinderatswahlen wieder so unbefriedigend sein werde wie bei früheren Wahlgängen.

*

Bei einem neuen Sowjetzonen-Würfelspiel müssen die Figuren die Spielbahn in Richtung „Planziel" durchwandern. Gerät ein Spieler beim Würfeln auf das Feld sieben, so wird er einmal übersprungen, weil „die Kühe nicht richtig ausgemolken sind". Auf Feld 21 hat die Milch „hohe Schmutzprozente", und bei Nummer 45 hat der Spieler einen zusätzlichen Wurf, weil der „Plan der Sauendekkung erfüllt" ist.

*

In Leserbriefen an DDR-Zeitungen kritisierten Landarbeiter die Abbildung eines Mähdreschers beim Ernteeinsatz auf dem neuen 50-Mark-Schein der Sowjetzone, weil auf der Maschine entgegen den Unfallverhütungsvorschriften ein Mann steht.

*

Nachdem einem Bauern in Habern (Münsterland) eine trächtige Zuchtsau gestohlen worden war, schickte zwei Tage später der anonyme Täter 400 Mark, woraufhin die Kriminalpolizei den Dieb in einer Presseverlautbarung aufforderte, „weitere 300 Mark zu überweisen, da der Wert des Schweins 700 Mark“ übersteige.

Logik

Eine Bauersfrau mochte nicht, daß ihr Mann in der Woche viermal ins Wirtshaus ging. Um sie zu beruhigen, nahm er sie am nächsten Tag einmal mit. In Strömen floß das Bier! Und die Frau wurde ungehalten: „Jetzt sind wir gerade eine dreiviertel Stunde hier und du hast bereits vier Maß Bier getrunken!“ schalt sie ihn. „Aber Stine“, antwortete der Bauer verbindlich, „versteh' doch! Wozu bezahle ich dem Ober ein teures Trinkgeld, wenn ich nicht seine Bedienung öfter in Anspruch nehmen kann?“

Druckfehlerteufel

Eine Lokalzeitung im Westerwald 1893:
„... Das Dorffest ist als ein gelungenes zu betrachten; besonders erfreulich war es, daß der Gesangverein den Abend mit seinen Vorträgen versch*o*nte ..."

Ein Cloppenburger Blatt 1900:
„... sofort nach der Bee*r*digung des Stückes im kleinen Ballsaal der Dorfgaststätte reiste der Autor ab."

Aus einem Kalender aus Eutin (Holstein) im Jahre 1904:
„Die ganze Bürgerschaft r*ö*stete sich zum Empfange des Fürsten!"

Aus einer Lippischen Zeitung 1912:
„... Die Sp*a*tzen der Gemeindevertretung beehrten das Ballfest mit ihrer Gegenwart."

Aus einer Gildefestschrift im Oldenburgischen:
„Beim Betreten des Dorfes wurde der Landesherr von einer *U*nzahl weißgek*r*eideter Frauen empfangen."

Aus der Festschrift eines Chores in Franken:
„Der Komponist hat viel für unsere bäuerliche Liedertafel geschrieben. Insbesondere durch eine Reihe von volkstümlichen Liedern hat er gezeigt, wie f*ur*chtbar er ist.

In einem Rundschreiben der Freiwilligen Feuerwehr von Weiberg:
„Der Feuerwehrtag wurde eine halbe Stunde später eröffnet, da erst auf das Eintreffen des V*e*rstandes gewartet werden mußte.

Planwirtschaftliches

In Mitteldeutschland, wo die Landwirtschaft verstaatlicht war und der Witz ein Ventil gegen Unfreiheit und staatliche Gängelung darstellte, wurden von den Bauern viele Witze über den Plan erzählt:

Der Kreisparteisekretär kam in ein Dorf und besuchte eine landwirtschaftliche Produktionsgenossenschaft. Da noch alles auf dem Feld war, traf er nur einen alten Bauern, der eine Stalltür reparierte. „Wie gefällt dir", begann er ein Gespräch, „wie gefällt dir, Genosse, unser neuer Fünf-Jahr-Plan?" – „Ich finde ihn großartig", antwortete der Alte, „ich verehre ihn!" – „Was heißt hier verehren? Das ist doch Unsinn! Einen Plan findet man gut, man begrüßt ihn!" – „Weißt du, Genosse, ich habe mir den Plan ganz genau angesehen, von vorn bis hinten durchgelesen! Seitdem verehre ich den Plan! Denn schon Goethe hat gesagt: Du sollst das Erforschliche erforschen und das Unerforschliche verehren."

Viele Witze charakterisierten die Gesamtlage der Bevölkerung im Staat, wie z. B. jener über die Schlafgewohnheiten der Bürger:

„Weißt du schon, daß ab heute die Schlafzimmerproduktion bei uns eingestellt wird?" – „Nein, warum denn?" – „Die Bauern in den Landwirtschaftlichen Produktionsgenossenschaften rackern Tag und Nacht, um die Ernte einzubringen. Die Arbeiter kämpfen unentwegt für den Produktionszuwachs. Die Armee steht 24 Stunden am Tag auf Friedenswacht. Die Intelligenz ist auf Rosen gebettet. Die Aktivisten ruhen sich auf ihren Lorbeeren aus. Der Klassenfeind schläft nicht. Und der Rest sitzt im Gefängnis!"

Mit ähnlichen Übelständen befaßte sich diese moderne Fabel:

Eine Bezirksparteikommission besuchte eine landwirtschaftliche Produktionsgenossenschaft. U. a. wurden auch die Tiere befragt, ob sie sich mit Fluchtplänen beschäftigen! „Ich nicht", antwortete das Huhn, „bei uns in der DDR sind die Eierpreise wesentlich höher als in Westdeutschland." – „Ich auch nicht", stimmte die Kuh ein, „ein Stück Butter in der DDR ist wesentlich teurer als drüben. Hier wird meine Leistung noch beachtet!" – „Ich kann nur wiederholen, was die Kuh gesagt hat", meinte das Schwein, „mein Fleisch erzielt sehr viel höhere Preise im Arbeiter- und Bauernstaat." – „Was mich angeht", wieherte das Pferd dazwischen, „warum sollte ich unsern Staat verlassen wollen? Bei uns geht es bergab, und da brauche ich nicht so kräftig zu ziehen!" – Nur die Ziege äußerte sich nicht. „Warum nimmst du nicht Stellung?" fragte sie der Bezirkssekretär. – „Also, wenn ich schon so direkt gefragt werde: Jawohl, ich will hier raus. Ich will in den Westen!" – „Und warum?" – „Ich will endlich mal wieder meckern, wenn es mir paßt!"

Viele in Mitteldeutschland erzählte Witze befaßten sich besonders in den fünfziger und sechziger Jahren mit der Mangelsituation:

Parteiversammlung in der Landwirtschaftlichen Produktionsgenossenschaft „Rote Rübe"! Der Kreisparteisekretär schwärmt von der Zukunft: „Wenn ihr den ersten Fünf-Jahr-Plan nicht nur erfüllt, sondern übererfüllt, werdet ihr alle mit einem eigenen Moped zur Arbeit fahren können." Da ruft ein älterer Bauer von der letzten Reihe dazwischen: „Aber Genosse, wie ist das denn nach dem ersten Fünf-Jahr-Plan mit dem Toilettenpapier?"

Der Redner übergeht den Zwischenruf und zeichnet sein Zukunftsbild weiter: „Wenn ihr den zweiten Fünf-Jahr-Plan nicht nur erfüllt, sondern übererfüllt, werdet ihr alle mit einem eigenen Trabant zur Arbeit fahren können." Wieder ertönt die Stimme des alten Bauern: „Aber Genosse, wie sieht es denn nach dem zweiten Fünf-Jahr-Plan mit dem Toilettenpapier aus?"

Ärgerlich fährt der Parteimann fort: „Wenn ihr den dritten Fünf-Jahr-Plan nicht nur erfüllt, sondern übererfüllt, dann werdet ihr alle mit einem eigenen ‚Wartburg', dem schönsten Auto unserer Republik, zur Arbeit fahren." Unüberhörbar erneut die Stimme aus dem Hintergrund: „Aber Genosse, wie sieht es denn nach dem dritten Fünf-Jahr-Plan mit dem Toilettenpapier aus?"

Da gehen dem Funktionär die Nerven durch und er schreit das klassische Wort des Götz von Berlichingen dem Störer entgegen: „Leck mich doch am A...!" Mit enttäuschter Stimme kommt eine Antwort von hinten zurück: „Aber Genosse, das ist doch auch nur eine Übergangslösung!"

Vergeßlichkeit

„Neumodischer medizinischer Kram", wie z.B. psychologische Beratung, ist auf dem Lande nicht eben gefragt. Nur selten suchen Landleute einen Psychotherapeuten auf, um sich von Neurosen oder seelischen Tiefs befreien zu lassen. Und der Pillenmißbrauch auf diesem Gebiet ist in den Dörfern wesentlich geringer als in den Städten.

Bauer Prömhorst aus der Nähe von Harsewinkel jedoch war bei einem Psychologen zu Gast gewesen, weil er ein trauriges Familienereignis nicht verarbeiten konnte. Drei Monate später erreichte ihn ein Einschreibe-Brief mit der dringlichen Mahnung, doch die Rechnung endlich zu bezahlen. Der Bauer entschuldigte sich freundlich am Telefon für sein Versäumnis und fügte hinzu: „Sie haben mir doch selbst gesagt, wenn Ihnen etwas Unangenehmes begegnet oder wenn Sie etwas Schlechtes beunruhigt, dann vergessen Sie es einfach!"

Die Friedhofsmauer

Friedhöfe haben in unserer Zeit weniger Bedeutung als in der Vergangenheit. Früher war – besonders auf dem Lande – der Familien- und Sippenzusammenhalt stark. Oft besuchten die Frauen mehrmals in der Woche die Gräber ihrer Verwandten. In unserer Zeit, die den Tod verdrängt und das Gespräch über ihn als peinlich empfindet, die in den Städten immer weniger sichtbare Äußerungen der Trauer kennt, ist dieser Brauch weitgehend verschwunden.

Nicht verschwunden sind in Stadt und Land die Kosten für die Erhaltung der Friedhöfe mit ihren alten Bäumen und Umfriedungsmauern. Die manchmal hohen Mauern wurden einst gebaut, um dem Friedhof eine besondere Stimmung der Ruhe und Abgeschiedenheit zu verschaffen. In einem Dörfchen in Franken war die Friedhofsmauer aus Felssteinen baufällig geworden und bedurfte einer Erneuerung. Lange zog sich im Gemeinderat die Diskussion hin, ob das Geld dafür gut angelegt werde. Da meldete sich der Älteste unter den Bauern des Rats zu Wort, zog an seiner Pfeife und meinte bedächtig: „Was soll eine Mauer um den Friedhof? Die Toten können nicht heraus! Die Lebenden drängen nicht hinein! Laßt uns für das Geld den Kindergarten verschönern!“

Und so beschloß es der Rat.

Heiratsprobleme

In den meisten Bauernfamilien ist – entgegen den Entwicklungen der Stadt – das Denken, Fühlen und Handeln in Generationen noch lebendig. Hofbesitzer geraten immer etwas in Unruhe, wenn sie spüren, der Hoferbe hat keine Lust zum Heiraten. Dann wird schon mal offen ausgesprochen: „Junge, nun kümmere dich endlich um eine Frau!“ Auch in einem kleinen Dorf am Fuße des Solling kam es auf einem Waldhof zu diesem für die Betroffenen zumeist „hochnotpeinlichen“ Gespräch! „Du kümmerst dich zu wenig um die Mädchen“, machte der alte Bauer seinem einzigen Sohn Vorwürfe: „Wenn wir mal nicht mehr sind, wer soll die Arbeit im Haus machen? Willst du denn, daß unser Haus ohne Kinder verwaist? Du brauchst ein geordnetes Leben, und das geht nicht ohne Frau! Es wird Zeit, daß du dich umschaust! Du bist jetzt 32 und darfst nicht mehr lange warten!“ Der Sohn hatte bis dahin schweigend zugehört. Jetzt wandte er ein: „Weißt du, Vater, du hast gut reden. Du hast Mutter geheiratet, während ich einen wildfremden Menschen nehmen muß!“

Der fleißige Wildbach

Sommergäste, die ihren Urlaub auf dem Bauernhof verbringen, können eine schöne Sache sein. Schon manche Freundschaft zwischen Stadt und Land ist auf diese Weise zustandegekommen, und der Nebenverdienst durch Urlaubsgäste wird auf manchem Hof dringend gebraucht. Anstrengend kann es nur manchmal dann werden, wenn die Gäste aus der Stadt sich über alles auf dem Hof informieren, noch in den hintersten Winkel schauen wollen, die Ruhe im Schweinestall stören und immer wieder fragen, fragen, fragen …

Um einen solchen Gast handelte es sich bei dem Beamten aus Hannover, der sich bei Bauer Huber in Oberbayern einquartiert hatte. Als er gerade von einem Spaziergang durch die Bergwelt zurückkommt, sieht er den Bauern auf dem Feld arbeiten, bleibt stehen, grüßt und sieht ihm eine Weile bei der Arbeit zu. Dabei kommt ihm ein Umstand sehr merkwürdig vor, nämlich die vielen Steine, die auf dem Feld liegen, und er fragt den Bauern, warum das so ist. „Jo mei“, antwortete der, „de bringd alle der Wuidbach vom Berg abi.“ – „Ich kann mir das aber nicht erklären“, entgegnet darauf der Beamte, „ich sehe nirgends einen Wildbach.“ – „Ja“, sagt da der Huberbauer, „woahrscheinlich is er grad drom beim Stoana hoin.“

Der körperbewußte Pfarrer

Oma Klöverbaum war noch eine Oma vom alten Schlage, die ihren Enkeln noch Märchen erzählen konnte und das Strickzeug selten aus der Hand legte. Ein bißchen schwerhörig war sie in letzter Zeit geworden, und auch die Augen spielten nicht mehr so richtig mit, was mit 87 Jahren auch kein Wunder war. Aber an allem, was in der Familie und auf dem Hof passierte, nahm sie noch immer lebhaften Anteil, und auch die Tagesschau im Fernsehen verfolgte sie ganz genau. Nur wenn es ihr gesundheitlich mal nicht gut ging, weigerte sie sich standhaft, einen Arzt kommen zu lassen. Sie sagte dann immer: „So alt bin ich noch nicht, daß ich einen Doktor brauche.“ Dahinter steckten wohl auch ein klein wenig die Bedenken, den Jüngeren nicht zur Last fallen zu wollen.

Als Oma Klöverbaum sich einmal eine anständige Grippe geholt hatte und sich immer noch weigerte, einen Arzt zu sehen, war der Schwiegertochter dabei nicht wohl zumute, und sie holte dennoch den Arzt, bat ihn aber, recht geschickt vorzugehen. Der Doktor unterhält sich auch mit Oma, spricht ihr Mut und Trost zu, und es gelingt ihm nebenbei, Oma eingehend zu untersuchen. Als der Arzt fort ist, meint Oma: „Das war aber mal ein netter Herr Pfarrer!“ – „Entschuldige bitte“, gesteht darauf die Schwiegertochter, „aber das war der Arzt ...“ – „So, so“, meint Oma Klöverbaum da nachdenklich, „für einen Herrn Pfarrer war er auch ziemlich keck!“

Die Nadel beweist es

Nicht alle älteren Bäuerinnen begnügen sich damit, die Familienmitglieder mit Stricksachen zu versorgen, Kartoffeln zu schälen und die Enkel zu beaufsichtigen. Viele freuen sich gerade deshalb auf die Zeit jenseits der sechzig und siebzig, weil sie dann endlich einmal all die Dinge nachholen können, all die Ausflüge und kleinen Reisen machen können, für die sie vorher keine Zeit hatten, weil sie für den Hof verantwortlich waren.

So erging es auch Tine Bolten. Sie war jetzt achtzig Jahre und hatte als erste Frau im Dorf einen Führerschein gehabt. Darauf war sie auch heute noch stolz, und es kam ihr gar nicht in den Sinn, hinter dem Ofen zu sitzen und dieses wertvolle Dokument ungenutzt in der Schublade herumliegen zu lassen. Der Hof war schon vor längerer Zeit dem Sohn und der Schwiegertochter übergeben worden, und so konnte sie unbeschwert zu ihren vielen Verabredungen mit ihren Kränzchenschwestern, Bekannten und Freunden fahren. Eines Tages fuhr sie wieder einmal forsch und mit rasantem Schwung auf den Hof und kam direkt neben ihrem Sohn, der vom Trecker herabgestiegen war und sich mit einem alten Schulfreund unterhielt, mit ihrem Auto zum Stehen. Der Schulfreund, der Polizist in der Kreisstadt geworden war, fühlte sich nun verpflichtet, zu ihr zu sagen: „Sie haben in Ihrem Alter hinter dem Steuer aber nichts mehr zu suchen. Bestimmt sind Ihre Augen schlecht.“ Da holte Tine Bolten Nähzeug aus ihrer

Handtasche, fädelte im Nu eine Nadel ein und überreichte sie dem Polizisten: „Und jetzt Sie!“

Übrigens: Der Polizist hat nie wieder etwas gegen ältere autofahrende Damen gesagt!

Ist doch logisch, oder?

Die Kinder auf dem Lande haben noch das große Glück, das Säen, Reifen und Ernten der Pflanzen, die Geburt und das Heranwachsen der Tiere auf dem Hof zu beobachten. Das Wachsen und Werden in der Natur, vor dem ein Kind aus der Großstadt oft mit großen Augen staunend steht, beobachtet ein Landkind schon sehr früh und flicht es in seinen Erfahrungsschatz ein.

Vor einigen Jahren, als es noch die Zwergschulen in den Dörfern gab, war wieder einmal Religionsunterricht. „Wie lange blieben Adam und Eva denn im Paradies?“ richtete der Lehrer seine Frage an die Erstklässler. Die Kinder schauten den Lehrer erwartungsvoll mit großen Augen an, aber keines meldete sich. Woher sollte man das wissen? Doch da meldete sich Jan-Dierk, der Sohn von Bauer Stöver, und meinte: „Bis zum Herbst blieben sie im Paradies.“ Der Lehrer fragte erstaunt: „Aber warum denn ausgerechnet bis zum Herbst?“ – „Das ist doch ganz klar“, erklärte Jan-Dierk, „die Äpfel werden erst im Herbst reif!“

Auch eine Kuh kann mal irren!

Nur mal zu einem Schwätzchen wollte ein Bauer aus einem Dörfchen bei Fritzlar bei seinem Nachbarn hereinschauen. In der Küche traf er jedoch nur die Frau an. „Wo ist denn Willem?" fragte er sie. – „Der sitzt im Stall bei einer Kuh. Die wird jeden Moment kalben!" – „So, dann komm' ich morgen wieder", rief er ihr zu und trollte sich.

Am nächsten Tag stand er wieder in der Tür. „Ist Willem denn immer noch nicht da?" – „Nein, der ist noch bei der Kuh! Die hat noch nicht gekalbt."

Als er am dritten Tag Willem erneut nicht antraf, ging er in den Stall. Dort saß Willem bei der Kuh im Stroh und schien verzweifelt. „Sag mal, Willem", rief er, „was machst du hier die ganze Zeit?" – „Ich warte seit drei Tagen auf das Kalb, und es kommt nicht!" – „Dann gehe doch wieder in deine Stube. Wenn die Kuh dich hier liegen sieht, denkt sie wohl, sie hat schon gekalbt!"

Elegant widersprochen

Früher waren der Pastor und der Lehrer oft Autoritätspersonen auf dem Lande, die im dörflichen Leben ein Wörtchen mitzureden hatten. Besonders der Pastor genoß hohes Ansehen, bekam immer den besten Platz, nämlich das Sofa, in der Stube zugewiesen, wenn er „seine" Bauern besuchte, sprach mal ein paar gütige, mal ein paar erzürnte Worte, streichelte den Kindern über den Kopf und gab den Erwachsenen Ermahnungen. Die Bauern respektierten ihren Herrn Pastor und wußten doch auf ihre schlagfertige Art auch einmal ihn zu belehren, wenn er das Leben durch die allzu „fromme Brille" sah.

Pastor Mevelsen war noch so ein Seelsorger vom alten

Schlage, der gerne durch seine Gemeinde spazierte und hier und da ein kleines Schwätzchen mit den Leuten hielt. So traf er auch auf Bauer Tietjen, der gerade vor seinem goldgelben, wogenden Weizenfeld stand und die Ähren zwischen den Fingern prüfte, bevor er mit dem Mähen beginnen wollte. Über diese Ernte freute er sich besonders, denn aus einem steinigen Acker hatte er in mühevoller Arbeit ein fruchtbares Kornfeld gemacht. Leutselig begrüßte ihn der Pastor und beglückwünschte ihn zu der guten Ernte. „Du und der Herr haben hier eine sehr gute Arbeit geleistet", sagte er wohlwollend zu Bauer Tietjen. Im Verlaufe des Gesprächs bemerkte er noch ein paarmal, was für einen großen Erfolg „du und der Herr" gehabt hätten. Bauer Tietjen hatte schon ein bißchen still für sich geschmunzelt, als der Pastor aber beim Abschied noch einmal den Anteil des Herrn betonte, konnte er nicht länger dazu schweigen. „Ja, Herr Pastor, was Sie sagen, ist wahr", antwortete er, „aber ich wollte wirklich, Sie hätten diesen Acker noch vor drei Jahren gesehen, als der Herr ihn ganz allein bearbeitet hat!"

Am Frühstückstisch

Ferien auf dem Bauernhof sind immer eine besondere Sache! Die Städter möchten dann gern alles ganz frisch auf dem Tisch haben und nicht wie zu Hause aus der Supermarkt-Dose. Die Familie aus Dortmund saß erwartungsvoll am großen Küchentisch eines Bauern im Siebengebirge. Die Bauersfrau brachte als erstes einen Riesenlaib Vollkornbrot. „Ist das selbstgebacken?" wollte eines der Kinder wissen. „Ja, das backen wir alle Tage im eigenen Ofen!" Dann kam sie wieder mit einem großen Krug Milch. „Ist die von eigenen Kühen?" fragte ein anderes. –

„Ja, die ist von Berta, unserer Lieblingskuh!“ Als nächstes brachte die Bäuerin sechs gekochte Eier. „Sind die von eigenen Hühnern?“ tönte ihr schon an der Tür die Frage entgegen. – „Selbstverständlich. Wir haben 17 Hühner und kaufen deshalb nie Eier.“ Dann brachte sie einen großen Topf Marmelade und einen Rest Honig. „Ist die Marmelade aus eigenen Früchten gemacht?“ fragte erneut eines der Kinder, und der Jüngste rief: „Tante, hast du auch eine eigene Biene?“

Kaugummi

Von Oma Bruns aus dem Dorfe Giekau in Holstein stammt die kleine Geschichte. Oma Bruns ist jetzt schon 96 Jahre alt. Aber jedem, der zu ihr kommt, erzählt die alte Bäuerin das Erlebnis ganz genau:

Das war 1946! Mein ältester Sohn galt als bei Leningrad vermißt. Und er sollte der Hoferbe sein. Eines Tages kam der Brief eines Kameraden. Mir wurde mitgeteilt, daß Otto in München im Lazarett lag, verwundet zwar, aber außer Lebensgefahr. Da konnte ich mich nicht halten. Sofort packte ich einen Koffer und fuhr nach München. Das dauerte damals drei Tag. Ich schlief nachts bei der Bahnhofsmission und tagsüber ging's weiter. Ab Augsburg saß ein Amerikaner in meinem Abteil. Der saß mir gegenüber und bewegte ununterbrochen das Kinn, und ich dachte: Ist das peinlich! Der spricht mit dir, und du kannst ihn nicht verstehen, weil du so schwerhörig bist. Und deshalb sagte ich zu ihm: „Dat is ja fein, dat Se mi so fliedig wat vertellt. Aber ick hör gar nix. Ick bin ja man schworhörig!“ Er sah mich nur mit großen Augen an. Da nahm die Frau neben ihm sich ein Herz und rief mir ins Ohr: „Der spricht nicht mit Ihnen, der kaut Kaugummi!“ Seitdem weiß ich, daß nicht jeder, der den Mund bewegt, auch etwas zu sagen hat!